U0320491

花草时光

一草一天堂

[日] 森乃乙 著

吴梦迪 译

江苏凤凰文艺出版社
JIANGSU PHOENIX LITERATURE AND
ART PUBLISHING LTD

前　言

春夏秋冬，当你路过田野或漫步在乡间小径时，可曾注意到那里的草儿们，正在绵延藤蔓、伸长枝茎、绽放花朵，或枯萎凋零，然后又长出新芽？它们无声无息，在那里生长着。

但是，只要你仔细观察就会发现，无论哪种草，它开出的花朵都有着令人意想不到的美。即便是朴素如禾本科的花，也是个性十足，优雅万分。同一种类的草，因生长环境不同，其姿态、大小也各不相同。总之，这些草会向我们发出各种各样的"声音"。

如果能和这些野花、野草相知相熟，我们的生活一定可以变得更加丰富多彩，我们的内心肯定也会变得更加柔软、更加温暖吧！

美国作家、思想家爱默生曾说："杂草是优点还未被发现的植物。"

我在这本书里介绍了193种路边常见的野草、野花，其中有一些现在已经不多见了。但是我相信，有朝一日它们肯定会再次出现在我们身边。

这193种花草，每一种都有自己的花语，通过对这些花语的了解，你或许会对它们有新的认识。

第二章汇集了有关花花草草的美丽语言，专栏部分则专门介绍了如何通过五官来感受将花草融入日常生活的美好，它们中的大部分不仅可做花饰，可制茶，更可以食用。

第三章则是药草和毒草的大汇总。

愿打开这本书的你，能了解到古今中外人与草之间深远的羁绊。

目　录

Part 3

药草之庭

后记

说明

不同的地域因为气候不同，花期会有所差异。本书中的花期以日本的为主。

植物术语

花的结构

a   **花瓣**   花冠的组成部分。

b   **雌蕊**   孕育种子的雌性器官。由柱头、花柱和子
                房构成。

c   **雄蕊**   花的雄性繁殖器官。由花药和花丝构成。

d   **花萼**   位于花最外层的器官。由若干萼片组成，
                多数呈绿色的叶片状。

e   **花柄**   亦称花梗，单生花的柄或花序中每朵花着
                生的小枝。

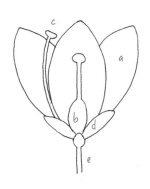

a   **头状花序**   外形看似一朵大花，实则为许多小花
                       密集地生于花茎顶部的花序。菊科的
                       花多数属于此种花。

b   **舌状花**   花瓣前端向一侧大幅延伸的花。蒲公
                       英的头状花序全都是舌状花。

c   **筒状花**   花瓣呈筒状的花，也叫作管状花。蓟
                       的头状花序全都是筒状花。

d   **花茎**   植物的花与根连接的地方。

e   **根**   生长在水中或地下的部位。主要作用
                     是支撑植物，吸收水分和养分。

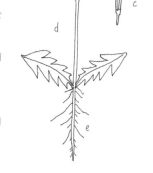

花冠的种类

花冠 生长在花萼内部，保护雄蕊和雌蕊的器官。由花瓣组成。种类丰
富，有唇形花冠等。

| 漏斗状 | 钟状 | 唇形 |

| 蝶形 | 轮状 | 十字形 |

花的着生方式

花序 特指花在花轴上不同形式的序列。有头状花序等。

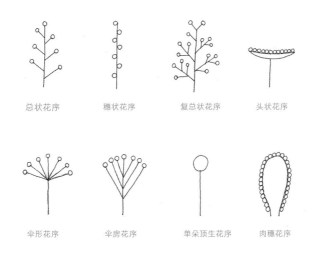

| 总状花序 | 穗状花序 | 复总状花序 | 头状花序 |

| 伞形花序 | 伞房花序 | 单朵顶生花序 | 肉穗花序 |

叶的结构

a **叶片**　叶的主体部分。由表皮、叶肉和叶脉构成。

b **叶柄**　叶的一部分。连接叶片和茎，呈圆柱形。

c **托叶**　生长在叶柄基部的小叶，通常成对出现。有些植物没有叶柄或托叶。

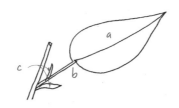

单叶　仅由一张叶片组成的叶子，是最为普遍的叶形。

复叶　由两张或两张以上的叶片组成的叶子。叶形有掌状复叶、羽状复叶等。

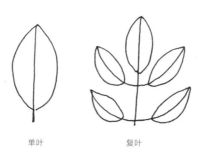

单叶　　　　　复叶

各种叶形

锯齿缘 叶缘如锯条一样，呈锯齿状的叶片。

全缘 叶缘平整无缺口的叶片。

掌状叶 如手掌般展开的叶片。

线形叶 细长扁平的叶片。

锯齿缘　　　　　全缘　　　　　　掌状叶　　　　　线形叶

叶的着生方式

叶序 叶在茎上的排列方式。根据着生在节上的叶子数量，可分为互
生、对生等。

互生 茎的每个节上交互着生1片叶。

对生 茎的每个节上着生2片叶，左右相对着排列。

轮生 茎的每个节上着生3片或3片以上的叶，呈环状排列。

基生 植物的叶从根部生出，莲座叶。

互生　　　　　　对生　　　　　　轮生　　　　　　基生

Part

1

春

堇菜
Viola verecunda

植物科别：堇菜科
产地：中国、日本、朝鲜等地
别名：本堇菜
花期：4~5月

小小的爱、小小的幸福

堇菜是小小的"春之女神"。无论在哪里，堇菜都一直深受人们的喜爱。在日本，堇菜生长在野外或城市的角落里，会向下绽放深紫色的花朵。高10～15厘米，叶片呈竹刀状，顶端浑圆。为了和科名、属名加以区分，人们也称其为"本堇菜"。

紫花堇菜

日本最常见的堇菜。
叶片呈心形。

东北堇菜

花小，呈白色，内部有
紫色的条纹。也被称作
"堇堇菜"。

小堇菜

形似本堇菜，但比本堇
菜小很多。其特征是叶
片呈等腰三角形。

荠

Capsella bursa-pastoris

植物科别：十字花科
产地：全世界温带地区均有分布
别名：菱角菜
花期：4~6月

🌼 奉献我的一切

春之七草之一，生于河边或路边。
植株高 20 ~ 30 厘米。开花时，
会相继开出娇小的白色十字花。
将果实从茎上摘下来，摇晃旋转，
会发出"砰砰"的声音。

圆齿碎米荠

Cardamine scutata

植物科别：十字花科

产地：中国、日本、俄罗斯等地

花期：3 ~ 6月

不屈的心、胜利、父亲的失策

以前，圆齿碎米荠开花之时，便是将水稻种子浸水，为插秧做准备之时。圆齿碎米荠是水田杂草之一，多长于水边；植株高 10 ~ 30 厘米。花朵呈白色，似荠菜花，十分可爱。咬其茎叶，会有火辣之感。果实朝天生长，一被碰触，便会"啪"的一声，崩裂弹开。

蔊菜

Rorippa indica

植物科别：十字花科

产地：中国、日本、菲律宾等地

别名：江剪刀草

花期：5~8月

品格、阻挠恋爱的人

无论在哪儿，蔊菜都可生长。花朵娇小，只有 5 毫米左右，呈黄色。植株高 10 ~ 50 厘米。对农田而言，蔊菜是一种非常麻烦的杂草，在日本被称为"犬芥子"。之所以加个"犬"字，是因为它虽然和芥菜长得很像，但自身毫无价值。

诸葛菜

Orychophragmus violaceus

植物科别：十字花科

产地：原产于中国

别名：紫金草、二月蓝

花期：3~5月

智慧之泉、优秀、仁爱

成片生长于田野或河堤，花朵通体呈紫色，仿佛要和油菜花的黄色一争高下一般。植株高30~80厘米，花朵直径约3厘米。诸葛菜有很多别名，紫金草是其中一个，据说是诸葛孔明推广开来的，所以学名为"诸葛菜"。在中国，人们将其作为蔬菜来栽培。

西洋蒲公英
Taraxacum officinale

植物科别：菊科
产地：原产于欧洲
别名：药用蒲公英、瓯洲蒲公英
花期：5~8月

真爱、明朗的歌声、离别

生长在原野或路边，花朵呈黄色，如太阳一般。蒲公英的日语名读作"Tanpopo"，源自击鼓声。平日最常见的是西洋蒲公英，英文名为"Dandelion"，因为锯齿状的叶子很像狮子（Lion）的牙齿。

日本蒲公英

包括关西蒲公英、关东蒲公
英、白花蒲公英等。
近年来，西洋蒲公英和日本
蒲公英的杂交种正在增加。

西洋蒲公英

日本蒲公英

西洋蒲公英和日本蒲公英的区分方法

两者的总苞不同。总苞位于花下方
花葶的部位。西洋蒲公英的总苞顶
端向下弯曲，日本蒲公英的总苞则
向上包裹花朵。

猫耳菊

Hypochaeris radicata

植物科别：菊科
产地：原产于欧洲
别名：假蒲公英
花期：6~9月

最后的爱恋

猫耳菊在日本有个可怜的名字，叫作"豚草"，是从法语的"猪肉沙拉"直译过来的。猫耳菊成片生长于路边或空地，开花时将周边染成一片黄色。外形和蒲公英非常相似，但30~60厘米高的花茎会在中间分成数条分枝，每条分枝顶端都会开出一朵直径为3厘米左右的花朵。在欧洲，猫耳菊常被用作食用的药草。

黄鹌菜

Youngia japonica

植物科别：菊科

产地：中国、日本等地

花期：4~6月

思念、和朋友一起

小鬼田平子
春之七草之一，也叫作"佛之座""田平子"。

黄鹌菜在日本叫作"鬼田平子"。花朵直径约为6毫米，虽然比较小，但仍比"田平子①"的花朵大，所以在前面添加了一个"鬼"字。本家"田平子"开始被叫作"小鬼田平子"后，就变得容易混淆了。两者虽然花朵相似，但分属不同的属，是完全不同的两种植物。而且"鬼田平子"味道差强人意，这点也和"小鬼田平子"截然不同。

注：①中国称其为稻槎菜。

圆叶苦荬菜

Ixeris stolonifera

植物科别：菊科

产地：中国、日本、朝鲜等地

花期：10月

🌸 束缚、平常心

常生于田野或路边。花朵呈黄色，直径约 2 厘米。花茎呈藤蔓状（匍匐枝），像是要把地面束缚住似的不断向外蔓延，所以在日本也被叫作"地缚"。即便将其拔除，只要根还在，就会再次向外蔓延，是一种非常难对付的杂草。

大地缚
在中国叫"剪刀股"，比圆叶苦荬菜大。

鼠麴草
Gnaphalium affine

植物科别：菊科
产地：中国、日本、朝鲜等地
别名：鼠曲草
花期：4～6月

不求回报的爱、切实的爱

春之七草之一，生长于路边，散步时随处可见。植株高10～30厘米。花茎顶端生出的黄色小花，呈颗粒状簇居在一起。花茎和叶上覆盖着白色的绒毛，仿佛母亲一般，温柔暖和，在日本也称"母子草"。可食用，旧时常被用来制作草饼。

苦苣菜
Sonchus oleraceus

植物科别：菊科
产地：世界各地均有分布
别名：野芥子、苦菜、小鹅菜
花期：3～10月

旅人、不想看错

苦苣菜是一种能够四海为家的杂草，只要气候温暖，随时随地，哪怕是隆冬，也能开花。叶上带刺，但碰到不会感觉疼痛。花朵形似蒲公英，呈黄色，会结出白色棉毛。在欧洲，苦苣菜一直是餐桌上的常客。人们还会用它花茎的乳液调配化妆水。

苦苣菜在日语中写作"野罂粟"，但和"罂粟"属于两个完全不同的科。

蓟

Cirsium japonicum

植物科别：菊科

产地：中国、日本、朝鲜等地

别名：刺蓟

花期：4~8月

严谨、稳重、默默的爱

蓟属的植物大多秋天开花，但蓟的花期却在春天。它是日本的原生植物，常生于日照条件好的草地。头状花序呈淡淡的紫红色，有时也会呈白色，密集地开出很多细长的筒状花朵。叶缘生有许多小刺，碰到之后会感觉疼。蓟是苏格兰的国花。

春飞蓬

Erigeron philadelphicus

植物科别：菊科

产地：原产于北美

别名：费城小蓬草、春一年蓬

花期：4~6月

追忆之爱

生于路边、空地。花朵呈白色或粉色，直径约为2厘米。植株高30~90厘米。作为观赏花卉引入日本，昭和年代成为杂草，随后在关东一带繁殖并蔓延开来。日语名为"春紫苑"，有春天开花的紫苑之意。因经常可以在荒废的庭院看到它的身影，所以又被称为"贫乏草"。

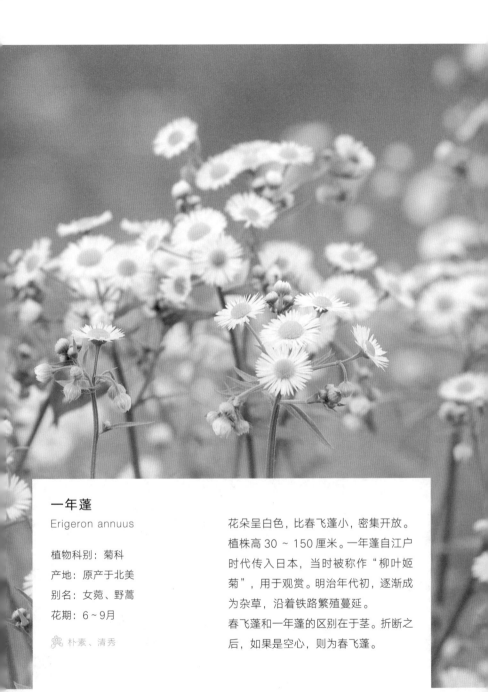

一年蓬

Erigeron annuus

植物科别：菊科

产地：原产于北美

别名：女菀、野蒿

花期：6～9月

朴素、清秀

花朵呈白色，比春飞蓬小，密集开放。植株高 30 ～ 150 厘米。一年蓬自江户时代传入日本，当时被称作"柳叶姬菊"，用于观赏。明治年代初，逐渐成为杂草，沿着铁路繁殖蔓延。

春飞蓬和一年蓬的区别在于茎。折断之后，如果是空心，则为春飞蓬。

蜂斗菜
Petasites japonicus

植物科别：菊科
产地：中国、日本等地
花期：3~5月

 期待、爱、真相只有一个、同伴

冬天的余韵尚未褪去，春天的使者就悄然露出了黄色的头角。花芽和叶柄可食用。雌雄异株，雌株受粉后，花茎会伸长，长出锦毛，传播种子。原产于欧洲的药草"款冬"和蜂斗菜是同属菊科的"伙伴"，叶似蜂斗菜，花似蒲公英。

艾草

Artemisia argyi

植物科别：菊科
产地：亚洲及欧洲地区
别名：香艾、艾蒿
花期：8～10月（摘菜季节为春天）

 幸福、夫妻之爱、绝不分离

艾草的花。

东西方都将艾草奉为"药草女王"。艾草常生于野外或河堤。叶片裂口很大，这是它的一大形态特征。艾草散发着独特的香味。学名"Artemisia"源自希腊神话中的女神阿尔忒弥斯（Artemis），她是女性健康的守护神。

艾草除了具有食用和药用价值外，还可用来驱邪。

繁缕
Stellaria media

植物科别：石竹科
产地：世界各地均有分布
别名：鹅肠菜
花期：3~9月

能和我见一面吗？

春之七草之一，叶子柔软，簇生在光照条件良好的田野或路边，分布于世界各地。植株高 10 ~ 20 厘米。花朵呈白色，形似星星，十分可爱。小鸟也很喜欢吃。

牛繁缕

比繁缕大，所以在前
面加一个"牛"字。
多生于山野之间。

大爪草
Spergula arvensis

植物科别：石竹科
产地：原产于欧洲
花期：5~8月

繁缕属的植物，星型的白色小花。虽说比原种漆姑草大，但花的直径也只有 8 毫米左右。

🌸 芳香、小小的抓痕

天蓬草
Stellaria alsine

植物科别：石竹科
产地：中国、日本等地
别名：雪里花、寒草
花期：5~8月

繁缕属的植物，是一种非常小的杂草，花的直径只有 3 毫米左右。日语名为"蚤衾"，其中"衾"是被褥的意思，这里是将天蓬草小小的叶子比作跳蚤的被褥。

🌸 令人意外的感想

球序卷耳

Cerastium glomeratum

植物科别：石竹科
产地：原产于欧洲
别名：粘毛卷耳
花期：4~6月

❀ 纯真、无邪、可爱

繁缕属植物的近缘种。植株高10 ~ 30厘米，生白色星型小花。之所以称为"卷耳"，是因为叶子形似老鼠耳朵。在田野、空地等地，随处可见它们的身影。原生种卷耳每年都有减少的趋势。

卷耳

白花射干

Iris japonica

植物科别：鸢尾科

产地：中国、日本、韩国等地

别名：蝴蝶花

花期：4～5月

朋友众多、请认可我

常生于森林、胡同等略荫蔽的地方。植株高 50～60 厘米。叶子修长，富有光泽，十分美丽。白花射干是常绿植物，冬天也不会枯萎。花朵比鸢尾小，呈白色或淡蓝色。日本的白花射干是三倍体，所以无法生出种子，通过从根茎伸出匍匐枝生长繁殖。

庭菖蒲

Sisyrinchium rosulatum

植物科别：鸢尾科
产地：原产于北美
花期：5～6月

丰富的感情、可爱的人

生于日照充分的草坪或草地。植株高 10～25 厘米。花朵直径约 5 毫米，呈淡粉色或白色。根部附近伸出的叶子虽小，却如一把锋利的宝剑，是彻头彻尾的鸢尾科植物。叶子和天南星科的菖蒲十分相似，所以得此名。

阿拉伯婆婆纳

Veronica persica

植物科别：玄参科
产地：亚洲西部及欧洲等地
别名：波斯婆婆纳
花期：3~5月

忠诚、信任、清澈

生于路边或田野，深蓝色的花朵在阳光下熠熠生辉。学名"Veronica"源自圣女维罗尼卡之名。原生种为婆婆纳，近年来数量在不断地减少。因为果实和狗的阴囊很像，所以阿拉伯婆婆纳在日语中有个很可怜的名字，叫作"大犬阴囊"。

圣女维罗尼卡

为背着十字架前往骷髅地的耶稣奉上拭汗面纱的圣女。据说盯着阿拉伯婆婆纳的花朵看，耶稣的脸就会浮现出来。

直立婆婆纳
近缘品种。

勿忘草

Myosotis silvatica

植物科别：紫草科

产地：原产于欧洲

别名：勿忘我

花期：4～5月

请不要忘了我、永恒的爱

生于日照条件好的湿地，开淡蓝色、紫色的小花。"勿忘草"也是种的名称。英文名为"Forget me not"，源自一个非常悲伤的德国传说：摘了花的骑士坠入多瑙河，惊呼一声"请不要忘了我"，便把花扔向恋人，然后消失。之后，恋人用这句话命名了这种花，并在头发上戴了一辈子。

附地菜
Trigonotis peduncularis

植物科别：紫草科

产地：亚洲温带及欧洲东部等地

别名：地胡椒

花期：5～6月

为可爱之人奉上真切的爱

要用放大镜才能观察到花朵的小杂草之一。植株高 5 ～ 30 厘米，簇生在路边。花朵的直径非常短，只有 2 ～ 3 毫米，一不小心就会注意不到。花朵颜色为温柔、高雅的天蓝色。揉搓叶子，会散发出像黄瓜一样的香味。

柔弱斑种草
花在叶和叶之间开放，所以在日语中也叫作"叶内花"。附地菜的花蕊是黄色的，而柔弱斑种草的花蕊是白色的。

问荆

Equisetum arvense

植物科别：木贼科

产地：中国、日本等地

别名：笔头草、节节草

进取心、意外、惊讶、努力

早春时分，像笔一样从地底下探出头来，常见于野外、河堤等地。日语中笔头草叫作"土笔"或"杉菜"。所以日本有一首童谣是这么唱的："土笔是谁的孩子，是杉菜的孩子。"象征茁壮成长。

实际上，土笔是茎还处于用于繁殖的孢子茎时的称呼，而杉菜是营养茎阶段的称呼。孢子掉落前的笔头草，可采摘食用。

紫云英
Astragalus sinicus

植物科别：豆科

产地：原产于中国

别名：翘摇、红花草

花期：2~6月

幸福、缓解我的痛苦

植株高 10 ~ 30 厘米。紫色的花朵外形和莲花很像。花蜜质量好，是一种很好的蜜源植物。花语起源于希腊神话，因受神明责罚而变身为紫云英的仙女离开时对妹妹说："花都是女神的化身。今后不要再采了。"

白车轴草

Trifolium repens

植物科别：豆科

产地：原产于欧洲

别名：三消草、白花苜蓿

花期：5~10月

 请想念我、约定、复仇

每个叶柄上都长着 3 片心形叶片。花茎会长至 10 ~ 30 厘米，顶端生出直径为 2 厘米左右的白花。球形的头状花序上密集生长着 10 ~ 80 朵小花。在日本江户时代，白车轴草常被用作缓冲材料，填充在荷兰舶来品的四周。

红车轴草

多数红车轴草的叶子上都长有"V"字形的斑纹，也叫作"红三叶"。

钝叶车轴草

外形和白车轴草相似，但整体要小一号，所以在日本，钝叶车轴草也被叫作"米粒车轴草"。花朵呈黄色。也有人认为爱尔兰的国花，即"三叶草植物"酢浆草就是钝叶车轴草。

四叶草

第一片叶子带来名誉，
第二片叶子带来财富，
第三片叶子带来满满的爱，
最后一片叶子带来珍贵的健康。
这就是四叶草的力量。

（日本俗语）

自古以来，欧洲就有"找到四叶草的人会受到幸运女神
眷顾"的传说。人们相信，夏至夜晚采摘的三叶草制成
的药草中含有驱邪的力量。也有人认为四叶草象征"希
望""诚实""爱情"和"幸运"。

幸运、成为我的所有物吧

窄叶野豌豆

Vicia angustifolia

植物科别：豆科

产地：亚洲、欧洲、非洲等地

别名：苦豆子、山豆子

花期：3～6月

🌺 小小的恋人们、一定会到来的幸福

常生长于田野或路边，是野豌豆属的植物，嫩芽和豆果皆可食用。花茎上有卷须。花朵直径约2厘米，数量多，外形如紫色的蝴蝶一般。日语名为"乌豌豆"，是因为豆果的颜色是黑的，像乌鸦一样。近缘种有小型的小巢菜和介于两者之间的四籽野豌豆。

小巢菜

又称"雀野豌豆"。

四籽野豌豆的花和
豆果。

蛇莓

Duchesnea indica

植物科别：蔷薇科

产地：中国、日本、阿富汗等地

别名：野草莓、蛇果

花期：6～8月

可爱、小恶魔般的魅力

在原野、田间小径等地开出小小的黄色花朵。随后不久，结出红色的果实。长长的匍匐枝沿着地面不断扩散延伸。人们都说它有毒，会被蛇食用，但实际上它是无毒的，只不过味道欠佳。

日本草莓

Fragaria nipponica

植物科别：蔷薇科
产地：分布于日本本州中部
别名：白花草莓、森林草莓
花期：5~7月

幸福的家庭、天真无邪、敬慕

不同于花朵呈黄色的蛇莓，日本草莓的花朵呈白色，又称"白花草莓"。日语名为"白花蛇莓"，虽然名字中也有"蛇莓"，但和蛇莓分属不同的属。和栽培种一样，属于草莓属，红色的果实带有甜味，很美味。白花草莓是日本的野生草莓。

长荚罂粟

Papaver dubium

植物科别：罂粟科

产地：原产于地中海

花期：4~5月

 内心的平静、治愈、安慰

成片生长于路边或空地。花茎高 20 ~ 60 厘米，花朵有 4 瓣，呈橙色。不含麻药成分的生物碱。花期过后结出细长的果子，所以叫"长荚罂粟"。花很美，且繁殖能力强，等注意到它的时候，差不多已经开满了庭院的各个角落。

花韭

Ipheion uniflorum

植物科别：石蒜科

产地：原产于中南美

别名：春星韭

花期：3~6月

🌼 分离的悲伤、
   经得住考验的爱

植株高10~20厘米，花径约5厘米。花色有淡蓝色、白色、粉色。在原野或河堤成片生长时，美到令人惊叹。

英语名为"Spring Star（春之星）"，取自星形的6片花瓣。叶或球根受伤后，会散发出类似大葱、韭菜的气味。

野蒜

Allium macrostemon

植物科别：葱科

产地：中国、日本、朝鲜等地

别名：山蒜、野小蒜

花期：6 ~ 8月

🌼 喜欢坚强的你、情绪高涨

身边可食用的野草之一，常生于山坡、丘陵、山谷或草地。地下的球根可食用。

花茎笔直，高 40 ~ 60 厘米。顶部的花蕾如同一顶白色的尖帽，不久就会绽放出花朵。但是很少能结出种子，取而代之的是和果实相似的珠芽。

野蒜的球根
圆、白、小，形似薤头。

鹅掌草

Anemone flaccida

植物科别：毛茛科
产地：中国、日本、俄罗斯等地
花期：4~6月

永远不分离、友情

鹅掌草在日本被叫作二轮草，因为一根茎上一般会开出两朵白色的花朵。嫩叶和具有剧毒的乌头很相似，所以需要注意。

二轮草是报春的早春短命植物之一，喜欢簇生在落叶树林的地面上。可做山菜，也可做药草。阿奴语中称之为"Ohawkina"，意为入汤之草。

早春短命植物

所谓早春短命植物（Spring ephemeral），是指融雪时现身，枝繁叶茂时又消失的一类植物，也叫作"春天的妖精"。直译过来，就是"春天短暂的生命""春天无常的事物"。早春短命植物一般在广叶树林中发芽、开花，在夏天到来之前长出叶子，然后化为地下茎或球根，进入睡眠，以待下一个春天的到来。因此又被称为"早春植物"。

一轮草
花茎顶端开出一朵白色的花。有毒。除此之外，还有三轮草，也有毒。

猪牙花

Erythronium japonicum

植物科别：百合科

产地：中国、日本、朝鲜等地

别名：野猪牙、片栗花

花期：3～5月

初恋、忍受寂寞

猪牙花是瞬间现身的"春天的妖精"，簇生在山地湿润的土地上。花色呈淡淡的紫红色。花茎顶端生出一朵花，向下俯垂开放。地下的球根含有丰富的淀粉质，以前经常被用来制造淀粉。自古以来，猪牙花便深受人们的喜爱，但近年来，数量正在不断减少。

胡麻花

Heloniopsis umbellata

植物科别：百合科

产地：中国、日本、朝鲜等地

花期：1～5月

希望

胡麻花也是"春天的妖精"。花朵直径约为 1 厘米，簇生在花茎顶端。花色有紫红色、白色。胡麻花的叶自根基处呈放射状展开。

山东万寿竹

Disporum smilacinum

植物科别：百合科

产地：中国、日本、朝鲜等地

别名：儿百合

花期：4~6月

请永远握住我小小的手

那些"春天的妖精"消失时，正是山东万寿竹在杂木林的树荫中开花的时节。植株高15～30厘米，直径1厘米左右的纯白色花朵在花茎顶端绽放。山东万寿竹低垂着头的样子，令人心生爱怜。结出一颗黑色的果实后，便会从地面上消失得无影无踪。等到第二年春天，留在地下的茎又会发出新芽，而后开花。

镰叶黄精

Polygonatum falcatum

植物科别：天门冬科

产地：日本

花期：4~5月

温文尔雅的举止

日语名叫作"鸣子百合"，因为其姿态或花的形状和拍板①很相似。常生于山野之间，植株高约 80 厘米。茎呈弓形，叶子旁边生出白绿色的筒状花，向下俯垂开放。根可作中草药。

注：①日语中的鸣子为拍板之意。

春兰
Cymbidium goeringii

植物科别：兰科
产地：中国、日本等地
别名：朵兰、幽兰
花期：3～4月

🌺 温文尔雅、清纯、毫无
修饰的心

春兰是日本野生的兰花，自古以来一直深受人们的喜爱，多在杂木林等地悄然开成一片。叶细长，植株高约 15～20 厘米。花茎从根基处向上伸长，并侧向开出直径约为 5 厘米的黄绿色花朵，美得低调、神秘。

花瓣可腌渍后用来泡兰花茶。

欧活血丹

Glechoma hederacea

植物科别：唇形科

产地：中国、日本等地

别名：金钱薄荷

花期：4～5月

享乐、期待

欧活血丹生长于日照条件佳的田野或路边，具有藤蔓性，揉搓叶子后会散发香味，是著名的食材、茶叶、药草。花生于叶旁，呈优雅的紫色，上下开合，如嘴唇一般。藤蔓向外蔓延的势头十分猛烈，甚至可以越过围墙，因此在日语中，写作"垣通①"。

注：①在日语中，"垣"是"围墙"的意思，"通"是"穿越"的意思。

野芝麻

Lamium barbatum

植物科别：唇形科

产地：中国、日本、朝鲜等地

别名：山苏子

花期：4~6月

开朗、快乐、不为人知的爱

花形如戴着草帽的舞女，生长于路边或原野，植株高 30 ~ 50 厘米。花生于茎上的叶柄基部，呈白色或淡粉色，形似嘴唇。野芝麻可食用，也可药用。

紫花野芝麻
原产于欧洲，花比野芝麻小。

宝盖草

Lamium amplexicaule

植物科别：唇形科
产地：亚洲及欧洲等地
别名：珍珠莲、接骨草
花期：3~5月

和谐

常生长于路边、乡间小径或沼泽草地，植株高10~30厘米。茎上部的叶子旁，生出美丽的紫色唇形花。花下方的叶子就像佛的莲花座一样，分层生长。

金疮小草

Ajuga decumbens

植物科别：唇形科

产地：中国、日本、朝鲜等地

别名：地狱之斧、葡匐筋骨草

花期：3~5月

🌼 我在等你

别名"地狱之斧"让人有一种望而生畏之感，之所以这么叫，是因为它的茎不向上生长，而是攀附着地面，仿佛要将地表覆盖住一样。这个名字也表明金疮小草是一种能"将病人挡在地狱之外"的万能药，所以也被叫作"医者杀"。清明时节，叶子旁边会生出长约1厘米的深紫色唇形花。

紫背金盘

Ajuga nipponensis

植物科别：唇形科

产地：中国、日本、朝鲜等地

别名：筋骨草

花期：4~5月

高贵的人格

注：①宫女的一种礼服。紫背金盘在日语
中写作"十二单"。

白色或淡紫色的小花在花穗上层层开放，其优雅的姿态仿若宫女身穿的十二单[①]。常生长于田边、林间、矮草地湿润处等地，植株高15~20厘米。外形和金疮小草相似，但茎是直立的。近年来，紫背金盘的数量急剧减少，有些地方甚至已面临灭绝。

笔龙胆

Gentiana zollinger

植物科别：龙胆科

产地：中国、日本、朝鲜等地

花期：4~6月

真实的爱、正义、诚实、高贵

龙胆是一种典型的秋天花草，而笔龙胆却开于春天，一般生长在干燥的草地或明亮的树林中，植株高5~10厘米。在阳光的沐浴下，直立的花茎上端开出数朵蓝紫色的花朵。花冠呈筒状，直径约为2厘米。花闭合时，形似笔尖，所以得名"笔龙胆"。

匍茎通泉草

Mazus miguelii

植物科别：玄参科

产地：中国、日本等地

花期：4～5月

※ 忍耐、追忆的日子

常生于乡间小径或日照充足的草地。匍茎通泉草会伸出匍匐枝，长出高约10厘米的花茎，生出1～2厘米的紫色花朵。

日语名为"紫鹭苔"，花形让人联想到鹭，而贴着地面长成一片的样态又像青苔。

银线草

Choranthus japonicus

植物科别：金栗兰科

产地：中国、日本、朝鲜等地

别名：独摇草

花期：4~5月

🌼 静谧、被隐藏的美

注：①日本传奇英雄，平安时代末期
　　的名将。

生于树林的背阴处，植株高 10~20厘米，十分小巧。中间竖起一串白色的花穗，威风凛凛的花姿仿若源义经①的爱妾静御前一人翩翩起舞的姿态，所以日语名叫作"一人静"。但是"一人静"并非一个人，而是通过地下茎繁殖，多数情况都是长成一片。另外，刷子状的花其实是雄蕊。雌蕊位于雄蕊根部，没有花瓣。

及已

Choranthus serratus

植物科别：金栗兰科

产地：中国、日本等地

别名：四块瓦、四叶箭

花期：4～6月

🌿 永远在一起

及已①和银线草②是一对。两串花穗就仿若静御前的亡灵和摘菜少女两人相对起舞的姿态。但是，及已未必只有两串花穗，也可能出现三人静、四人静。

植株高 30～60 厘米。小花呈圆形，雄蕊将雌蕊包裹在里面。叶无光泽，整体比较低调。

注：①及已在日语中叫作"二人静"。
　　②银线草在日语中叫作"一人静"。

酸模

Rumex acetosa

植物科别：蓼科

产地：中国、日本、高加索等地

花期：5～8月

深情、博爱

新芽可作野菜食用。叶和茎有酸味，以前，孩子们经常将它们当作零食。欧洲栽培的酸模被称为"Sorrel"。雌雄异株。

羊蹄
比酸模大，花朵呈绿色。

虎杖

Reynoutria japonica

植物科别：蓼科

产地：中国、日本、朝鲜等地

花期：8~9月

 回复

茎上的红色斑纹就像老虎身上的条纹，所以叫作"虎杖"。将茎折断后咬一口，会感觉到酸味。有些地方也将虎杖称为"酸模"。雌雄异株，花期在夏天。

大凌风草
Briza maxima

植物科别：禾本科
产地：原产于欧洲
花期：5~6月

🌿 朴素的心、兴奋、热烈
　　的议论

传入日本时是观赏花卉，后逐渐成为杂草，随处都能生长，植株高10~60厘米。小茎细如丝，顶端会生出数个长约1~2厘米的椭圆形小穗子，鼓鼓地向下俯垂。穗子成熟后会变成金黄色，在风中"唰唰"地鸣响。

早熟禾
Poa annua

植物科别：禾本科
产地：亚欧大陆及北美地区均有分布
别名：小鸡草、绒球草
花期：3~11月

早熟禾是一种以四海为家的杂草，足迹几乎遍布世界各地。长得再高，也只能到达 20 厘米左右。日语名为"雀帷子"，"雀"是"小"的意思，"帷子"是指简简单单的单衣。

请不要踩我

看麦娘
Alopecurus aequalis

植物科别：禾本科
产地：亚欧大陆及北美地区均有分布
花期：4~5月

看麦娘是一种春天的水田杂草。穗子长约 3 ~ 8 厘米，又细又直，全都裸露在外面，十分显眼。日语名为"雀铁炮"，因为其花穗和麻雀的拳头①很相似。看麦娘可做成草笛玩。

快乐的时光

注：①日语中"铁炮"有"拳头"之意。

白茅

Imperata cylindrica

植物科别：禾本科

产地：中国、日本、土耳其等地

别名：茅、茅根

花期：5~6月

孩子的守护神

春风拂过，成千的白茅穗子闪烁出银白色的光辉。古时称为"茅"，成片簇生在原野或河滩。茎高达70厘米，是甘蔗的近亲。花穗叫作"茅花"，咬下去后会有甘甜之感。

自古以来，白茅一直被用作食材和药材，也是一种铺设屋顶的材料。人们还认为它具有驱邪的力量，所以"钻茅圈"的习俗一直遗留至今。

COLUMN

享受有草相伴的生活

美味时光

Meal time

人们经常熟视无睹的野花野草中，可食用且味道鲜美的一类
叫作"菜"。

在平日里匆匆而过的路上停下脚步，抑或蹲下身来，和野草
共度片刻时光吧。

采摘、品味四季之菜，也是人生的乐趣之一。

摘菜指南

1. 服装和携带物品
穿长裤和走路舒适的鞋子。随身携带棉纱手套、镢头、剪刀、篮子或筐箩、塑料袋、小型放大镜等。

2. 选择采摘场所
避开宠物的散步路线和洒了除草剂的地方。
公园的自然保护区、私有地等禁止采摘的地方不可以随便采摘。

3. 注意毒草
毒草很多，有些会造成皮肤起疹子，有些则能夺人性命。因此，请千万不要采摘或食用不认识的草。

4. 不要连根拔起
比如挖掘百合根时，不要全部挖起，要留下子球根。谨记需要多少就摘多少的原则，珍贵稀少的草，只取其花，不要连根采摘。

5. 收拾垃圾
除了自己的垃圾之外，掉下来的植物也要一并收拾带走。

食用指南

1. 选择
摘叶子时，要选择开花之前柔软的叶子。

2. 采摘
采摘时要注意有毒或带刺的草。

3. 清洗
去除泥土和垃圾，放入装满水的盆中，晃动着清洗2～3次。

4. 储存
用纸包好，放入塑料袋，然后储存在冰箱的保鲜室内。

5. 食用
做拌菜时，先在水里焯一下，去除涩味。
请一边确认身体的反应一边少量食用，切勿一次性食用太多。

正月初七的七草粥

材料（4人份）

- 春之七草……适量
  - 芹菜
  - 荠菜
  - 鼠麹草
  - 繁缕
  - 宝盖草
  - 芜菁
  - 萝卜
- 米……100g
- 水……5杯
- 盐……少许

烹调方法

1. 芜菁和萝卜切成小块，其他草切碎。

2. 将洗过的大米放入锅中，加水和盐，中火煮。开始沸腾后，转小火。一边搅拌一边煮15分钟左右。

3. 等米变软、水变黏稠之后，加少量盐调味。将芜菁和萝卜放入，煮至自己喜欢的软硬程度。再加入其他草，煮小一会儿即可。

加入鸡腿肉、年糕一起煮，或用芝麻油调制，也十分美味。

野菜天妇罗

材料（4人份）

- 野菜……适量
  玉簪的花蕾
  红车轴草
  艾草
  鱼腥草
  蒲公英
- 小麦粉……60g
- 淀粉……15g
- 冰块……2块
- 水……80ml
- 盐……一小撮
- 油炸用油……适量
- 抹茶盐或繁缕盐……适量

※参考P200

烹调方法

1. 将野菜清洗干净，去除泥垢，放在笸箩中将水沥干。

2. 将小麦粉和淀粉放入盆中，加一小撮盐，然后用放入冰块的水搅拌（小麦粉和淀粉的比例为4：1）。

3. 将油加热到 160 ~ 180℃，将野菜单面裹上面糊。

4. 将裹着面糊的一侧朝下放入锅中。单面充分油炸之后翻面，等边缘卷曲后捞起来。

5. 放在厨房纸上吸取多余油分。

天妇罗是野菜的招牌做法。油炸后，强烈的涩味和气味都能得到缓解。要想炸得酥脆，必须掌握好三点：充分去除草上的水；不要裹太多面糊；油量充足，油炸速度快。要想更好地品味野菜的香气和风味，建议蘸盐食用。

野花沙拉

材料（4人份）

- ·野菜……适量
    蒲公英
    窄叶野豌豆
    荠菜
    白车轴草
    红花酢浆草
    繁缕
- ·橄榄油……适量
- ·盐、胡椒……适量

烹调方法

1. 摘取柔嫩的叶和茎。

2. 去掉枯萎的叶和泥土，仔细清洗干净。沥干水，用手将其撕成适合食用的大小。

3. 把花放入装满水的盆中，快速轻柔地清洗。蒲公英需要将花瓣从花萼上摘下来。

4. 撒入盐和胡椒，并用木铲轻柔地搅拌均匀。最后淋上橄榄油，撒上花瓣。

将野菜拌入由黄瓜、西红柿、秋葵、洋葱、橙子、培根等组成的常见沙拉中，会更容易入口。

俄式酸模汤

材料（4人份）

· 酸模……2束
· 洋葱……1个
· 西芹……3~4根
· 土豆……2~3个大的
· 鸡架汤或蔬菜汤……3L

· 黄油……2大匙
· 盐、胡椒……少许
· 药草……适量
　莳萝
　欧芹

配菜

（以上食材用于冷汤）
· 煮鸡蛋……1~2个
· 酸奶油或浓酸奶……适量
· 切成薄片的黄瓜……适量
· 切成薄片的小萝卜……适量

烹调方法

1. 摘取酸模后用水清洗干净，然后切成细长条。洋葱、西芹切丁。土豆切成方便食用的大小。

2. 选用质地较厚的大锅，盖上锅盖，让黄油溶化。放入洋葱、西芹，充分翻炒。

3. 加入酸模、土豆，然后将汤倒进去。沸腾后，改小火煮15分钟左右，直至土豆变软。再用盐和胡椒调味。

4. 用搅拌器或食物料理机分两次加以搅拌，直至变得顺滑。

5. 盛入盘子，放上切成一半或四分之一的水煮蛋，浇上酸奶油或浓酸奶（如果要制成冷汤，请先放入冰箱冷藏4小时左右再食用，也可配上黄瓜和小萝卜）。热汤和冷汤都别忘撒上药草。

酸模汤是俄罗斯和东欧国家的传统菜肴。在俄罗斯,人们称其为"绿色的圆白菜汤"。热汤、冷汤都十分美味,也可按个人喜好添加肉块(牛肉、猪肉、鸡肉均可)调味。

马齿苋西红柿冷意面

材料（4人份）

· 马齿苋……200g
· 西红柿……2个
· 意大利面……320g

· 盐……适量
· 芝士粉……少量

· 橄榄油……60ml
· 盐、胡椒……少许
· 柠檬汁……半颗的量

烹调方法

1. 马齿苋摘取 3 ~ 4 厘米，要选择用手指就能掐断的柔嫩部分。清洗干净后，快速焯水，再入冷水去除涩味。最后沥干水分。

2. 西红柿用开水烫后去皮，切粒。

3. 将橄榄油、马齿苋、西红柿、柠檬汁放入盆中，搅拌均匀。再加入盐、胡椒调味。

4. 锅中加水，再放入盐。水烧开后，加入意大利面，煮好后过冷水，再沥干水分。

5. 将意大利面放入拌好的菜中，搅拌均匀。装盘，撒上芝士粉。

马齿苋常被误认为是令人头疼的野草。但在希腊和土耳其，它却是一种常见的食材，营养丰富，生命力旺盛。独特的酸味和顺滑感，十分适合消减夏天的疲倦。

夏

锯锯藤

Galium spurium

植物科别：茜草科

产地：中国、日本等地

别名：猪殃殃

花期：5~6月

🌿 抵抗、对抗

常生于原野、路边等地，一层一层交叠着生长。是一种带刺的攀缘草本植物，十分茂盛。茎叶也有刺，依附着其他植物，可长至约 60 厘米高。花朵呈淡淡的黄绿色，直径约为 2 毫米。果实也带刺。可将其折断，装饰在胸口。

鸡屎藤

Paedeia scandens

植物科别：茜草科

产地：中国、日本、印度等地

别名：斑鸠饭、女青

花期：7~9月

想要解开误会、令人意外的

常生于原野或路边的藤本植物，茎和叶会释放恶臭。常常缠绕围墙、栅栏等蔓延生长。花朵呈钟状，直径约1厘米。花瓣为白色，中心部位呈红豆色。日本有句谚语："鸡屎藤也有鲜花盛开之时。"可见花朵还是很可爱的。果实为黄褐色，可药用。

昼颜

Calystegia japonica

植物科别：旋花科

产地：中国、日本等地

别名：打碗花

花期：6~9月

温柔的爱、羁绊、偷情

常生于日照充足的原野或路边，是一种藤本植物。淡粉色的花朵和牵牛花十分相似，直径为 5 厘米左右，白天开花。虽气质优雅，却是一种令人烦不胜烦的杂草。

白花曼陀罗

Datura metel L.

植物科别：茄科

产地：原产于中南美

别名：白曼陀罗、洋金花

花期：6~9月

伪装的魅力、可爱、轻快

白花曼陀罗是一种外来植物，全草有毒，常生于荒郊野外、路边等地。茎和叶上有毛，植株高100~150厘米。白色的大花和牵牛花一样，呈喇叭状，向上开放，散发芳香。早上开花，中午便枯萎了。外形美丽动人，所以也有人将其种在庭院里观赏。

北美刺龙葵

原产于北美的归化植物，外形和龙葵很相似，但带有尖刺。果实呈黄色。全草含龙葵素，有毒。

龙葵

果实呈黑色，富有光泽。不带刺。全草含龙葵素，有毒。

紫斑风铃草
Campanula punctata

植物科别：桔梗科

产地：中国、日本、朝鲜等地

别名：灯笼花、吊钟花

花期：6～9月

可爱、诚实、正义

常生于树林里或路边略微干燥的地面上，植株高 30～80 厘米。在茎的顶端或叶的旁边，会生出向下俯垂的钟状花朵。花长 5 厘米左右，颜色有白色和紫红色。日语名叫作"萤袋"，即孩子们经常用来装萤火虫的袋子。可食用，也可作药用。英语名为"Bell Flower"。

珍珠菜
Lysimachia clethroides

植物科别：报春花科
产地：中国、日本、斯里兰卡等地
别名：珍珠花菜、虎尾、狼尾花
花期：6~7月

骑士精神、忠诚、贞操

喜日照条件好的草地，植株高50~100厘米。茎顶端生出穗状的白色小花，花朵从下往上依次开放。花穗不直立，像老虎的尾巴一样，软绵绵地下垂，所以又称"虎尾"。

酢浆草

Oxalis corniculata

植物科别：酢浆草科
产地：世界各地均有分布
别名：酸浆草、酸酸草、钩钩草
花期：5~10月

🌿 闪耀的心灵、喜悦

酢浆草是一种分布于世界各地的杂草，多生于路边和院子的各个角落。花呈黄色，直径约 8 毫米。入夜后，叶会闭合。

全草含草酸，咬上去会有酸酸的感觉。

用酢浆草擦拭硬币，可将硬币擦拭得闪闪发光。

红花酢浆草
原产于南美的归化植物。曾经是园艺植物，后逐渐变成杂草。

鸭跖草

Commelina communis

植物科别：鸭跖草科

产地：中国、日本、俄罗斯等地

别名：三荚子菜、蓝花菜

花期：6~9月

令人怀念的关系、移情别恋

常生于略微湿润的原野或路边，植株高30厘米左右。蝶形花朵呈蓝色，带给人一种清凉之感。

鸭跖草清晨开放，中午枯萎，但是生命力十分顽强。一分为二的苞叶之间，可以源源不断地开出新的花朵。

雨降花

传说"摘掉花朵，就会下雨"的一类花。梅雨时节
开放的花，很多都是雨降花。每个地区的雨降花都
有所不同，鸭跖草、昼颜、紫斑风铃草、酢浆草等
都属于雨降花。

过去，会用花的汁液
给刺绣底样染色。

夏枯草

Prunella vulgaris L.

植物科别：唇形科

产地：中国、日本、尼泊尔等地

别名：麦穗夏枯草、铁线夏枯草

花期：4~6月

🌸 温柔地治愈

簇生于日照条件好的草地，入夏后，花穗会枯萎。日语名为"靭草[①]"，因为花穗和装箭的箭袋很相似。花穗干燥后，可作中药。英文名为"Self heal"。

注：①日语中"靭"的意思是"箭袋"。

风轮草

Clinopodium gracile

植物科别：唇形科

产地：中国、日本等地

花期：7～8月

不要禁锢我

常生于野山上湿润的路边等地，植株高 10～30 厘米。花穗呈塔状，周围轮生着唇形的花朵。花直径为 5～6 毫米，呈淡紫色，很小，肉眼几乎不可见。

鱼腥草
Houttuynia cordata

植物科别：三白草科
产地：中国、日本等地
别名：狗心草、折耳根
花期：5～7月

白色的追忆、野生

常生于房屋周边和路边，喜阴凉的环境，植株高 40 厘米左右。看似白花的部分，实则为 4 片叶子。中间竖起黄色的花穗。花朵虽清秀可爱，但搓碎后有鱼腥味，故得名"鱼腥草"。

鱼腥草是一种药草，具有十多种功效。

待霄草
Oenothera odorata

植物科别：柳叶菜科

产地：原产于南美

花期：5~8月

 模糊的爱、见异思迁、
稳重的爱

待霄草是一种归化植物，常簇生于空地和海岸，植株高30 ~ 80厘米。花朵呈黄色，直径约为3厘米，十分可爱。黄昏时开花，散发出像葡萄酒一样甘甜的香味。枯萎后，花朵会变红。在所有月见草属的植物中，待霄草是最早传入日本的，但现在数量正在不断地减少。

月见草

比待霄草大。花枯萎后，颜色不会变红。月见草在日本也叫"荒地月见草"。

黄花月见草

一般认为太宰治所说的"富士山和月见草最为相宜"中的"月见草"，指的就是黄花月见草。

粉花月见草
Oenothera rosea

植物科别：柳叶菜科
产地：原产于北美南部、
　　　南美等地
花期：4~11月

胆怯

常生于空地、路边等地的归化植物，会开出15毫米左右的粉色花朵，植株高20~60厘米。黄昏时分开花，所以日语名叫作"夕化妆"。事实上，白天的时候，它也会开花。

也会开出白色的花朵。

美丽月见草
Oenothera speciosa

植物科别：柳叶菜科

产地：原产于北美

花期：5～7月

自由的心、结合紧密的爱

传入日本时为观赏花卉，植株高20～30厘米。白天开花，所以日语名为"昼开月见草"。花朵直径约5厘米，颜色为白色和粉色的渐变色，十分美丽。生性强健，出了庭院后在荒地和路边繁衍生长，最后成了野草。

绶草

Spiranthes sinensis

植物科别：兰科

产地：中国、日本、俄罗斯等地

花期：4~9月

🌸 思慕、爱恋

兰科植物，身形娇小。常生于原野或草坪，植株高 10 ~ 40 厘米，直径连 1 厘米都不到的小花像螺旋状的楼梯一样，排列在茎上。花形极小，却是绝对正统的兰科植物。螺旋状的花序既有向左卷的，也有向右卷的。英语名为"Lady's tresses（女士的卷毛）"。

王瓜

Trichosanthes cucumeroides

植物科别：葫芦科

产地：中国、日本等地

花期：8~9月

佳音、诚实、正直

常生于树林或灌木丛，会用卷须缠住其他植物生长。雌雄异株。夜晚会开白色的花。花瓣的边缘伸出无数的丝状物，使整朵花的直径长达7 ~ 10厘米。果实的直径约为6厘米，成熟时变红。

近缘种有栝楼和马㼎儿。

王瓜的果实

成熟变红的果实，是秋
天的象征。

马交儿的果实

白天开花，结出的果实
很小。

乌蔹莓

Cayratia japonica

植物科别：葡萄科

产地：中国、日本、菲律宾等地

别名：五叶藤、五叶梅

花期：6～8月

积极向上、婚外情

生长于荒地、路边、草地的藤本植物，植株高2～3米。据说乌蔹莓生长开来之后，其他植物就会枯萎，土地变得贫瘠。花朵直径约0.5厘米，很受虫子的青睐。嫩芽和叶可食用，也可用作中药的材料。

乌蔹莓的花朵。

中日老鹳草

Geranium thunbergii

植物科别：牻牛儿苗科
产地：中国、日本等地
花期：7～10月

🌸 坚强的心、忘记忧伤

中日老鹳草是一种著名的药草，对肠胃问题能起到立竿见影的效果。常生于草地，植株高30～40厘米。叶像手掌一样，呈开裂状。花朵直径为1～1.5厘米，花色有白色和红色。

中日老鹳草的果实分裂的姿态宛如神舆的顶部。

野老鹳草

Goranium carolinianum

植物科别：牻牛儿苗科

产地：原产于北美

花期：5～7月

 请关注我

野老鹳草是一种归化植物，常生于空地和路边。叶、花、果实都和同属的中日老鹳草十分相似。不同之处在于，野老鹳草的叶子的分裂程度更深，花期更早。花朵较小，直径约为 1 厘米，虽然不显眼，很容易被忽视，但其实非常可爱。

马棘

Indigofera pseudotinctoria

植物科别：豆科

产地：中国、日本等地

花期：7~9月

🌼 实现愿望

常生于日照条件好的野外或路边，植株高 40~80 厘米，虽然看上去像草，但其实是树，会长出许多淡粉色的蝶形花朵。根坚硬，茎纤细柔美，却异常坚固，据说，甚至可以把马拴住。

六角英
Justicia procumbens

植物科别：爵床科

产地：中国、日本、菲律宾等地

别名：狐狸尾、土夏枯草

花期：7～9月

🌸 你的可爱无与伦比、极致的
女性美

常生于略微湿润的野外或路边，植株高 10 ～ 50 厘米。花穗上会生出数朵唇形花朵，直径不满 1 厘米的淡紫色花朵，就近看，十分可爱。据说六角英曾经还被用来治疗眼疾。

虎耳草

Saxifraga stolonifera

植物科别：虎耳草科

产地：中国、日本、朝鲜等地

别名：石荷叶、金线吊芙蓉、
    老虎耳

花期：5~7月

🌸 深刻的爱、恋慕之情、俏皮话

虎耳草是一种山间野草，生长于阴凉湿润的岩石地带，植株高20~50厘米，会开出许多清秀的花朵。下面的两片花瓣比较长，像漫天飞舞的蝴蝶，也有点像精灵。圆润厚实的叶子在积雪之下也能生长繁茂，所以日语名叫作"雪之下"。也有人认为之所以叫"雪之下"，是因为白色的花像"雪之舌①"一样。虎耳草可食用，也可作药用，庭院里也可栽培。

注：①在日语中，"雪之下"和"雪之舌"的读音一样。

半夏

Pinellia ternata

植物科别：天南星科

产地：中国、日本、朝鲜等地

别名：地文、守田、羊眼半夏

花期：5 ~ 7月

静下心来、孩子王

生于田野和草地上，身姿纤细而奇妙，植株高 20 ~ 40 厘米。形似蛇头的部位是叶苞。排列着许多花的细长花轴，像舌头一样从中探出身来。因不好对付，常年名列除草名单之上，但可作中药。

光千屈菜
Lythrum anceps

植物科别：千屈菜科

产地：中国、日本、朝鲜等地

花期：6~8月

悲哀、慈爱、爱的悲伤

孟兰盆节①时期，在略微湿润的野外或路边开花，植株高1米左右。约1厘米大小的紫红色花朵呈穗状生在笔直的茎上。

据说在日本，以前的人会将其枝干浸在水中，为供品去除污秽。光千屈菜也常被用作盆花，摆放在祭台上祭祀祖先亡灵。

注：①孟兰盆节：农历七月十五，也称"中元节"。

龙芽草

Agrimonia pilosa

植物科别：蔷薇科

产地：中国、日本、俄罗斯等地

花期：5～12月

❀ 感恩之心

生长于田野上略微湿润、明亮的阴凉处，植株高 30～80 厘米。细长的花穗上面开出许多直径不到 1 厘米的黄色花朵，其姿态就像金色的花纸绳一样，所以日语名叫"金水引①"。和开红色小花的蓼科植物金线草不是同一种植物。果实上带有钩状的刺，会粘在动物的身上。

注：①"水引"在日语中是花纸绳的意思。

柔毛水杨梅

Geum japonicum

植物科别：蔷薇科

产地：中国、日本等地

花期：6~8月

愿望实现、前途无限

常生于山坡、草地、田边、河边、灌木丛等地方，植株高 50 ~ 80 厘米。花朵呈明亮的黄色，直径约 2 厘米，十分可爱。在地面上铺开来的莲座状叶丛的形状和萝卜叶十分相似，所以日语名叫作"大根草①"。园艺品种红花水杨梅原产于欧洲。

注：① "大根"在日语中是萝卜的意思。

藜

Chenopodium album

植物科别：藜科

产地：全球温带及热带地区

别名：野灰菜

花期：7~10月

约定

常见于路边、荒地及田间，植株高 30~150 厘米。新叶或叶上带有白色的粉状物体。

原产于亚欧大陆，曾经是食用性植物，但现在已经变成野生的了。

红心藜
藜的变种。新叶呈紫红色。

天胡荽

Hydrocotyle sibthorpioides

植物科别：伞形科

产地：中国、日本等地

别名：步地锦、鱼鳞草

花期：4～9月

秘密、恨

天胡荽是一种常绿植物，常生于路边或房屋附近，趴着地面蔓延。植株高 5～10 厘米。花不显眼。叶片富有光泽，形状为小小的圆形，直径只有 1 厘米左右。

天胡荽不仅是人们非常熟悉的杂草，也是一种药草。将它敷在擦伤或切伤的伤口上，可起到止血的作用。

平车前
Plantago depressa

植物科别：车前科
产地：中国、日本、朝鲜等地
别名：车前草、蛤蟆叶
花期：4~9月

留下足迹

平车前是一种生长在大街小巷的植物，它会在车或人的碾压踩踏中不断成长。植株高10~50厘米。叶子很大，长长的花穗上生出白色或淡紫色的小花。种子会粘在鞋底，被带到各个地方。所以人们常说，如果在山里迷路了，只要寻着平车前一路走去，就能回到村庄。可以将两根草茎交叉，然后各持一根向后拉扯着玩。

长叶车前
原产于欧洲的归化植物。叶子形似木铲。雄花围绕在花穗四周。

小蓬草
Conyza Canadensis

植物科别：菊科

产地：原产于北美

别名：小飞蓬、加拿大蓬飞草

花期：5～10月

❀ 和蔼可亲

小蓬草植株高1～2米。荒地、路边……随处可见到它的身影。明治维新时期，小蓬草沿着铁路一路蔓延。虽然整体个头很高，但开出的花却十分娇小可爱，直径只有3毫米左右。

苏门白酒草

Conyza sumatrensis

植物科别：菊科

产地：原产于南美

花期：5～10月

真相

和小蓬草一样，是一种簇生于荒地、路边等地的常见杂草，现广泛分布于热带和亚热带地区。
头状花序几乎无花瓣，这是它的一大特征。

可长至2米高。

豚草

Ambrosia artemisifolia

植物科别：菊科

产地：原产于北美

别名：艾叶破布草、美洲艾

花期：8～9月

幸福的爱情、重归于好

常生于路边或河滩的恶性杂草，植株高1米以上。花穗上开出直径约为3毫米的黄色小花，十分朴素。豚草容易和加拿大一枝黄花混淆，两者中会引起花粉症的是豚草。

博落回

Macleaya cordata

植物科别：罂粟科

产地：中国、日本等地

别名：菠萝筒、大叶莲、三钱三

花期：7~8月

🌸 率真的心

博落回常生于荒地上，是一年中最早发芽的先锋植物。植株高2米以上。叶子很大，有裂口。没有花瓣，却长有许多白色的雄蕊，像羽毛一样排列着。将茎一折为二，会流出有毒的黄色乳液。在欧美，博落回一直是人们非常喜爱的观赏性植物。

叶玉簪

Hosta sieboldiana

植物科别：百合科
产地：中国、日本等地
别名：玉簪、拟宝珠
花期：7～9月

文静的人、平静、沉着

常生于略微湿润的山野之间，很多庭院里也种有叶玉簪。80 厘米左右的花茎从植株中央抽出，开出白色或淡紫色的美丽花朵。花呈喇叭状，略微向下俯垂。叶呈大大的卵形。像弧线一样的叶脉是它的一大特征。新叶可作野菜食用。

叶玉簪新叶
和有毒的尖被藜芦的叶子很相似，需要注意。

山百合
Lily Bulb

植物科别：百合科

产地：中国、日本等地

别名：野百合、喇叭筒、药百合

花期：6～8月

威严、甜美、人生的乐趣

"芳香优雅的山百合啊……"，作为日本歌词中的常客，山百合生于山间，被誉为"百合女王"。植株高 100 ～ 150 厘米。白色的巨型大花，直径超过 25 厘米，散发出浓厚甘甜的香味。

花瓣中间长有黄色的带状筋，四周分布着红色的斑点。球根可食用。

萱草

Hemerocallis fulva

植物科别：百合科

产地：中国、日本等地

别名：金针、黄花菜、忘忧草

花期：5~7月

忘记悲伤、忘记爱

常生于树林边缘或野山上，植株高1米左右。花的形状和百合很相似，都是重瓣花，直径约为10厘米，花色为透着点红色的橙色。传说萱草能让人忘记爱情的忧愁，足见其花朵的美丽程度。做成菜肴，也十分美味。

长管萱草

也是萱草属的植物，但长管萱草的花是单瓣花。

松叶佛甲草

Sedum mexicanum

植物科别：景天科
产地：原产地不明
花期：5～6月

记忆、请想念我

日语名为"墨西哥万年草"。虽然写着"墨西哥"，但其实是一种原产地不明的归化植物，常生于路边或空地。茎趴在地面上。花茎直立，上面密密麻麻地长满了直径为1厘米左右的黄色小花。叶子和花都很美，是一种多肉植物，很多人也将它栽培在庭院里。

大唐米
生长在海边岩石地带的日本原生种。

马齿苋

Portulaca oleracea

植物科别：马齿苋科
产地：全世界各地区均有分布
别名：马苋、马齿菜
花期：5~8月

活力四射、天真无邪

马齿苋是一种匍匐在地面上蔓延的多肉植物，常生于日照条件好的路边等地，开黄色小花。虽然在农田里是个令人讨厌的存在，却是可食用杂草的代表。叶子一煮，就会冒出黏液。

大花马齿苋

在日本，人们习惯用马齿苋属的学名"Portulaca"来称呼
它。它是一种园艺品种，和马齿苋相似，非常强健，无须
花费太多心思就可以生长。花色丰富，有白色、黄色、粉
色等。

叶下珠

Phyllanthus urinaria

植物科别：叶下珠科

产地：中国、日本、印度等地

别名：龙珠草

花期：4～6月

🌺 言外之意

常生于原野、路边、田野等地，植株高 10 ～ 60 厘米。小枝叶的下方，会生出不显眼的花。花期结束后，结出直径为 2 毫米左右的红色果实。无论是颜色还是外形，都像缩小版的橘子，非常可爱。入夜后，叶会闭合。

地锦

Parthenocissus tricuspidata

植物科别：葡萄科

产地：中国、日本、朝鲜等地

别名：爬山虎

花期：7～10月

一般匍匐在荒地、田野等地面上蔓延生长。椭圆形的叶为对生，叶的旁边会生出暗红色的小花。红色的茎，绿色的叶，相互映衬，美丽如锦。将茎剪断，会流出白色的液体。

执着、隐秘的热情

斑地锦
原产于北美的归化植物。叶的中央有黑紫色的斑纹。

日本荷根
Nuphar japonicum

植物科别：睡莲科

产地：日本、朝鲜等地

花期：6~9月

 崇高、危险的爱情

植株高20~80厘米的水生植物，花茎顶端生出一朵直径约为5厘米的黄色花朵，花瓣较厚。叶呈圆形，有裂口。

日语名为"河骨"，因为它的根位于水中，色白质硬，如骨头一般。

野慈姑

Sagittaria trifolia

植物科别：泽泻科

产地：中国、日本、朝鲜等地

别名：慈姑、水慈姑

花期：5～10月

高洁、信任

植株高 30～50 厘米的水生植物，开直径为 2 厘米左右的白色花朵。叶和花的形状是一种叫作"泽泻纹"的家徽的主题。据说日本的栽培品种"慈菇"是在中国由野慈姑变种而来。

野慈姑的花。

芦苇
Phragmites communis

植物科别：禾本科
产地：全世界各地均有分布
花期：9~11月

 音乐、神明的信任、
深厚的爱

植株高 1 ~ 3 米的水生植物，分布在世界各地的水边。芦苇和人类的生活、文化息息相关。人们会用它铺设屋顶、造船、做苇帘子、制乐器等。
日本的古名是"丰苇原之瑞穗国"，可见繁茂的芦苇是日本自古就有的一大风景。

狗尾草

Setaria viridis

植物科别：禾本科

产地：中国、日本等地

别名：毛毛狗

花期：5~10月

游玩、可爱

生于荒野、道旁，为旱地作物常见的一种杂草。只要有土壤，狗尾草就能生长，植株高 20 ～ 70 厘米。和谷物中的"小米"互为近缘种。

近缘种金色狗尾草。

具芒碎米莎草
Cyperus microiria

植物科别：莎草科
产地：中国、日本等地
花期：7～9月

🌿 传统、历史

喜湿地，常生于路边或田野中，植株高 20 ～ 50 厘米。茎笔直，断面为三角形。顶端分枝，生出像烟花一样的小花穗。这种杂草虽然很难对付，但人们对它却抱有深厚的感情。将茎切开，做成斗形，就可将其当作蚊帐一样来玩。纸的起源——纸莎草（Cyperus papyrus）和具芒碎米莎草是同一个属的植物。

龙须草

Juncus effusus

植物科别：灯芯草科

产地：分布于日本各地

别名：灯芯草、蔺草、灯草

花期：5~6月

顺从

植株高 10 ~ 70 厘米。龙须草和日本文化息息相关，它是制作榻榻米和花席的原材料，常生于湿地。叶已经退化到几乎没有了。绿褐色的花朵稀稀拉拉地开放着。茎里有白色的髓，以前经常被用作灯芯，所以也被称作"灯芯草"。

宽叶香蒲
Typha latifolia

植物：香蒲科
产地：中国、日本、巴基斯坦等地
花期：5~8月

救护、慈爱、率直

香蒲成片簇生于浅水边，高1~2米，根攀着水中的泥，伸出褐色的圆柱形花穗。叶子、花粉、穗绵各有所用，是人们十分熟识的植物之一。

香蒲和因幡白兔的传说

日本的药草史始于香蒲。据日本《古事记》记载，有一只白兔从淤岐岛渡到因幡国来，欺骗海里的鲨鱼让它跨上岸，却被最后一条鲨鱼剥光了皮。这时，大国主神建议它："你到河川用淡水洗身，再摘下河岸生长的香蒲花粉，在花粉上滚一滚，就会恢复原状。"白兔照吩咐去做，果然恢复了原有的兔皮。这白兔正是"因幡白兔"，也就是"兔神"。

COLUMN

2

享受有草相伴的生活

茶点时光

Tea time

晴空万里时，采摘几片野草，用水清洗干净，然后悬挂起来，或铺展
开来，让其慢慢晒干。这是多么幸福的时光啊！

准备一套自己喜爱的茶具，沏上一盏茶，在阳光和清风的照拂下细细
品味，直到身心舒畅，你必定能感受到不同于以往的和煦与温暖。

❧ 制茶流程

1. 采摘

避免宠物、车辆往来较多的地方。采摘时，应奉行成长期摘叶、开花期采花、冬天取根的原则。如果是初学者，只要记住开花时采摘就绝对不会出错。

2. 清洗、沥水

用水将泥土、垃圾等污垢洗去，注意一下是否有虫子。然后将水沥干。有些野草在沥水后，还需要蒸煮一段时间。

3. 干燥

用绳子悬挂起来，或铺展在笸箩上，让其干燥。可以将它放在阳光直射的地方晒干，也可以放在通风良好的阴凉处风干。

4. 剪、切

用剪刀等工具将干燥后的叶子剪切成2~3厘米，再铺到笸箩等物上，进行二次干燥，直到叶子变得干巴巴为止。也可以炒焙。

5. 储存

和干燥剂一起装入纸袋。再放入密封性良好的瓶、罐或塑料袋中，找一个通风良好的阴暗处储存。

泡茶方法

焙

用剪刀等工具将干燥后的野草剪切成2~3厘米，放入平底锅。开小火，用木铲等翻炒5分钟左右。等到有香味溢出时，将其从火上挪下来，放到报纸等物上冷却后即可。

这一步骤可让茶香变得更加浓郁，也可防止发霉。

煎

在水壶或锅中加入1升水和1大勺茶叶。沸腾之后转小火，再煮5~15分钟。水壶或锅要选用不锈钢、搪瓷制品等不会散发铁锈味的容器。

萃取

在茶壶中加入2大勺茶叶，然后注入200毫升开水，闷3~5分钟。

如果野草的药效十分强烈，则应泡淡一些，一点一点少量饮用。可以和其他种类的野草或平时常喝的绿茶混合在一起饮用，这样对身体造成的负担会比较小。和薄荷叶、晒干后的柑橘类的皮混合在一起，更容易入口。

野草活用笔记

※食用野草时，请根据各自的体质和身体情况，注意是否可以和其他药物同时服用，或是否会产生副作用。病人和孕妇，请咨询过医生之后再食用。

平车前　P122

使用部位：叶、花、茎、种子
采集时间：4~9月（种子在秋天采集）
功效：止咳、利尿、调理肠胃、消肿

这是一款非常受欢迎的减肥茶。带有温和的涩味和苦味，加入白砂糖或蜂蜜后更容易入口。成分中的桃叶珊瑚苷和鞣酸，具有排毒效果。如有肿块，将生叶烘烤柔软后，贴于上面即可。对于割伤，则需将叶子充分揉搓，然后贴在伤口处。

欧活血丹　P53

使用部位：叶、花、茎
采集时间：4~5月
功效：利尿、解毒、治疗糖尿病、强身健体

欧活血丹是一种非常著名的药草，自古以来一直被用来治疗小儿躁动。西方的很多偏方也都会使用欧活血丹。它含有胆碱、鞣酸和精油成分，可以有效降低血糖值。用它来泡茶，加入白砂糖、蜂蜜或牛奶后，会十分美味。也可以用来制作入浴剂、药酒和菜肴。

野葛　P170

使用部位：根、叶
采集时间：12月～次年2月采集根，春天采集叶
功效：治疗感冒、解热、调理肠胃

众所周知，野葛是一种对治疗感冒非常有效的中药。葛根汤也很有名。用葛泡制的茶略发黏稠，口感醇厚。加入生姜、红枣、桂皮后，药效更强。搭配白砂糖或蜂蜜饮用，也十分美味。花中含有异黄酮和皂苷，有利于减肥。

中日老鹳草　P110

使用部位：叶、花、茎
采集时间：7～10月
功效：调理肠胃、治疗口腔炎症、
　　　 缓解体寒、缓解痛经

中日老鹳草对肠胃问题有着立竿见影的效果。浓茶对治疗腹泻相当有效，而淡茶则能有效缓解便秘。因含有鞣酸成分，茶会带有一丝苦味，但饮用时，不会有太明显的感觉，可与鱼腥草或艾草一同饮用。用它来泡澡的话，可以温暖身体，缓解腰痛。

薏苡　P191

使用部位：茎、叶、果实

采集时间：10月～次年2月

功效：缓解肩膀酸痛、缓解神经痛、祛痘、
　　　美容

薏苡烘焙过后泡茶，味道十分香甜，可以和鱼腥草、中日老鹳草、麦茶等混合在一起饮用。薏苡中含有薏苡酯，能够有效地抑制痘痘，提高皮肤角质层的新陈代谢。和近缘种薏米一样，薏苡同样具有美白、美肤的功效。

白车轴草　P34

使用部位：茎、叶、花

采集时间：5～9月

功效：抑制感冒、镇痛、宁神

白车轴草含有类黄酮、鞣酸等成分，能够有效地平衡内分泌。只采摘花或花蕾，干燥后放入透明的茶壶中，再注入热水，十分养眼。近缘种红车轴草在西方也是一种非常有名的药草。

问荆　P32

使用部位：茎、叶、花

采集时间：4～7月

功效：利尿、治疗特应性皮炎、缓解花粉症

问荆枯萎后，再采摘它的茎泡茶，和薏米等混合在一起饮用，十分美味。问荆中含有丰富的矿物质，具有排毒养颜的效果，而且它对治疗特应性皮炎、花粉症也很有效。另外，问荆还可以用作入浴剂。问荆药效强烈，所以每次饮用时，要泡淡一些，控制好量。肾脏、心脏有问题的人以及孕妇应避免饮用。

加拿大一枝黄花　P175

使用部位：花、茎

采集时间：9～10月

功效：抑制哮喘、治疗肠胃炎、治疗特应性皮炎

在即将开花之际，采摘花穗顶部的20厘米左右。茶带苦味，可以和薏米等混合在一起饮用，再放入一片薄荷叶，喝起来更美味。一些精华油和入浴剂也会使用它。因排毒效果很强，可能会出现发疹子等反应。饮用时，请取少许，泡淡一些。

西洋蒲公英 P10

使用部位：叶、花、根

采集时间：3～5月

功效：利尿、加强肝功能、调理肠胃、催乳

泡茶喝时，使用叶和根。将蒲公英的根切碎、干燥、烘焙，然后再用搅拌机稍微搅拌一下，就可以制成蒲公英茶了。过滤后饮用，能品到一丝淡淡的甜味和香味。蒲公英含有丰富的矿物质，能够有效地抑制血糖上升，也有助于女性美容以及分娩前后的营养补充。

鸭跖草 P94

使用部位：茎、叶、花

采集时间：5～7月

功效：抑制哮喘、解热、利尿、调理肠胃

趁上午开花的时候，将花采摘下来，蒸一下制成茶。因水分多，不易干燥，所以茎和叶要分开晒干。鸭跖草没有什么特别的味道，十分容易入口。做成菜肴时，一般使用花和新叶，可用来做沙拉，也可用水煮一下做成凉拌菜。
鸭跖草的汁液具有解热、排毒的效果。

鱼腥草 P98

使用部位：茎、叶、花、根
采集时间：6～7月
功效：利尿、调理肠胃、降血压、治疗皮肤炎

鱼腥草自古以来就是一种非常有名的药草。
烘焙过后，会散发芳香，和薄荷混合在一起
后饮用也十分美味。鱼腥草中含有类黄酮，
具有排毒、改善血液循环的效果。对缓解特
应性皮炎和花粉症也很有效。一些化妆水和
入浴剂也会使用鱼腥草。钾含量很高，所以
肾脏功能弱的人需要注意。

艾草 P21

使用部位：叶
采集时间：5～7月
功效：促进血液循环、镇痛、止血、解毒

对女性而言，艾草可谓温柔的万能药草。它含
有鞣酸、叶绿素、皂苷等成分。既可以美容，
又有助于放松身心，还能调节内分泌。艾草茶
和艾糕一样，有一股青草气味，和迷迭香、月
桂叶混合在一起饮用，十分清新可口。艾草的
用途十分广泛，还可用来制作药草汤和菜肴。

糖渍野花

材料

· 野花……适量
　春飞蓬
　蛇莓
　蒲公英
　阿拉伯婆婆纳
　附地菜 等
· 蛋清……1个
· 白砂糖……适量

· 刷子或毛笔
· 厨房纸

制作方法

1. 用冷水清洗刚摘下来的野花，然后用厨房纸将水分充分吸收掉。

2. 将蛋清充分打散，但是不要起泡。

3. 用刷子或毛笔将蛋清轻柔地涂满整朵花。

4. 将白砂糖抹在花上，注意不要把花弄碎了。

5. 将处理好的花放在厨房纸上，干燥 2 ~ 3 小时。注意不要叠加摆放。

6. 和干燥剂一起装入密闭容器，然后放入冰箱保存。

品茶时，不妨来一份这样的
茶点。
要想成品美观，关键在于这
两点：一是不要涂太多蛋
清，二是要把多余的白砂糖
都去掉。糖渍野花可以用来
装饰蛋糕，放在红茶里也十
分可爱。

野花酒

材料

· 野花……100 ~ 150g
　蒲公英
　堇菜 等

· 食用酒精……900ml
　35度以上的白酒、伏特加酒、
　朗姆酒等

· 冰糖……100g

酿造方法

1. 用冷水清洗刚采摘的蒲公英或
　 堇菜的花，然后用厨房纸将水
　 分充分吸收掉。

2. 将洗好的野花摆放在笸箩等物
　 中，晾干一晚上。

3. 将瓶放入沸水消毒。结束后，
　 在瓶里依次放入冰糖、蒲公英
　 或堇菜、酒。

4. 盖上瓶盖，置于阴暗处储存。偶
　 尔摇晃一下瓶子，让冰糖溶解。

5. 1个月后将花取出来过滤。再放
　 置 3 个月，便完成了。

酿造野花酒的基本原则是1/4容器的花混合35度以上的酒。

花的种类、各自的分量、酿造的时间可根据个人喜好决定。一份独属于自己的美酒配方，不也挺好吗？如果不放冰糖，就会成为酊剂，可用来制作菜肴、入浴剂、化妆水。

Autumn and Winter

秋冬

轮叶沙参

Adenophora triphylla

植物科别：桔梗科

产地：中国、日本、越南等地

花期：7~9月

富有诗意的爱

轮叶沙参常生于田野或草地，植株高60~90厘米。茎的顶端生出吊钟形的淡紫色花朵，俯垂着连成一排。新芽可作野菜。根形似高丽参，可用作中药。

桔梗

Platycodon grandiflorus

植物科别：桔梗科
产地：中国、日本等地
别名：包袱花、铃铛花
花期：7 ~ 9月

诚实、清秀、永远的爱

桔梗生于野山，茎的顶部生出紫色或白色的星形花朵，植株高40 ~ 60厘米。

自日本万叶时代起，桔梗就是人们身边十分常见的野草。但是现在，桔梗已经濒临灭绝了。

秋之七草，日本"物哀"文学的表现之一。分别为胡枝子、葛花、瞿麦、芒、女郎花、山佩兰、朝颜。关于"朝颜"的翻译，众说纷纭，其中一种译法就是桔梗。

女郎花

Patrinia scabiosaefolia

植物科别：败酱科

产地：中国、日本等地

别名：败酱、黄花败酱、败酱草

花期：6~9月

美人、短暂的爱恋、挂念那个人

秋之七草之一，常生于田野或路边，植株高 60 ~ 100 厘米。花茎修长，顶部簇生着黄色的花朵。花姿纤细，富有女人味，深受人们的喜爱，但是气味不佳。

也有男郎花（白花败酱），开白色的花。

瞿麦

Dianthus superbus

植物科别：石竹科

产地：中国、日本、朝鲜等地

花期：6~9月

 纯情

秋之七草之一，古时称为"常夏"，生于日照条件好的草原或河滩，植株高 30 ~ 80 厘米。花茎纤细，顶部生出可爱的花朵。花瓣呈细丝分裂状，颜色有粉色和白色。

胡枝子

Lespedeza bicolor

植物科别：豆科

产地：中国、日本、朝鲜等地

别名：萩

花期：6~9月

柔软的心、羞怯的爱、沉思

常生于树林边缘或草地，植株高1~2米。外形看似草，实则为灌木。蝶形的花朵呈紫红色，直径约为2厘米。茎的上半部分比较柔软，会下垂到地面。

长柄山蚂蝗

花和胡枝子相似，都十分可爱。果实形似小偷的"忍者脚"。褐色部分是簇生在一起的毛，会粘在衣服上，是"粘人虫"的一种。

长柄山蚂蝗
的果实。

野葛

Pueraria lobata

植物科别：豆科

产地：中国、日本等地

别名：葛藤、葛

花期：8～10月

恋爱的叹息、内心坚强、治愈

野葛是秋之七草之一，为藤本植物。花色呈紫色，散发香甜的味道。根可作中药，也可作葛粉冻、葛饼等日式点心的材料。叶子的背面是白色的，人们经常将它在风中翻转过来的样子比作恋慕之心。繁殖能力强，一个夏天能长10米，所以是一种令人头疼的杂草。

山佩兰

Eupatorium japonicum

植物科别：菊科

产地：中国、日本等地

别名：白头婆

花期：6～11月

犹豫不决、温柔的回忆

秋之七草之一，喜略微湿润的草地，植株高 1 米左右。茎的顶端生出直径约为 5 毫米的小花。淡紫色的花瓣形似和服裙子。茎和叶都有淡淡的香味，可以用来制作香囊。

翅果菊

Pterocypsela indica

植物科别：菊科

产地：中国、日本、菲律宾等地

别名：苦荬苣、山马草

花期：4～11月

低调的人、幸福的旅程

常生于原野或荒地，植株高1米以上。姿态和春天开的苦苣菜相似。生于茎顶端的花朵呈淡淡的黄白色，美得十分低调。花期结束后，会长出白色的冠毛，带着种子离去。

翅果菊和莴苣是同类，将茎和叶剪去之后，会涌出白色的乳液。兔子喜欢吃。

嫁菜

Aster yomena

植物科别：菊科

产地：分布于日本本州至九州
　　　地带

花期：9 ~ 11月

隐藏的美、女性的爱

日本原生种。嫁菜常生于草地或田
间小路，植株高 50 ~ 100 厘米。
白色或淡紫色的花朵仿若年轻的新
娘，清秀温柔。

自古以来，人们常喜欢在春天
摘取嫁菜的嫩叶，和米饭搅拌
在一起食用。

大狼杷草

Bidens frondosa

植物科别：菊科
产地：原产于北美
别名：接力草
花期：8～10月

活泼聒噪

大狼杷草是一种归化植物，生长在略湿润的原野或路边。茎直立，植株高1米以上。枝端生黄色小花。种子上有两根刺，刺上带有小小的齿轮，扎到衣服上之后，无法取下，是"粘人虫"的一种。

加拿大一枝黄花

Solidago canadensis

植物科别：菊科

产地：原产于北美

别名：黄莺、麒麟草

花期：9～11月

活力、生命力

加拿大一枝黄花是一种归化植物，高达1～3米。英文名是"Canada golden-rod（加拿大金棒）"。密集生长，形成很大一片群落。开花时，鲜艳的黄色小花会像泡沫一样覆盖一整片。很多人认为它是花粉症的罪魁祸首，但这是误解。加拿大一枝黄花刚传入日本时，是用来观赏的，现在它是美国内布拉斯加州的州花。

苍耳
Xanthium sibiricum

植物科别：菊科

产地：中国、日本、伊朗等地

别名：卷耳、地葵

花期：7~8月

顽固、懒惰成性、粗暴

常生于路边、沟旁、田边、草地等处，植株高 20~90 厘米，开绿色的花朵。椭圆形的果实直径在 1 厘米左右，是非常厉害的"粘人虫"。上面长有很多刺和刚毛。魔术贴就是发明者从粘在自家狗尾巴上的苍耳身上获得灵感，从而发明出来的。

牛膝

Achyranthes bidentata

植物科别：苋科

产地：中国、日本、印度等地

别名：山苋菜

花期：7～9月

🌼 平易近人、双重性格

常生于原野、路边等地，植株高1米左右。茎上变粗的节形似野猪幼崽的膝盖。根是中药中的"牛膝"。10～20厘米长的花穗上长着许多绿色的小花。种子上带有两根刺，是"粘人虫"的一种。

茜草

Rubia cordifolia

植物科别：茜草科

产地：中国、日本、朝鲜等地

花期：8～9月

🌸 请想念我、谄媚

茜草是一种藤本植物，常生于原野或路边。茎和叶上都带有倒钩刺，可以缠住其他物体不断生长。花呈星形，颜色为淡淡的白绿色，直径在3毫米左右。干燥后的根可被用来制作染料。制造出来的颜色叫作"茜色"，是像夕阳一样，略带一点黄的红色。

葎草花
Humulus japonicus

植物科别：桑科

产地：日本各地均有分布

花期：8~10月

🌸 有力之人

葎草花是一种藤本植物，常生于荒地或路边。茎和叶都有倒钩刺，可以缠住其他物体。据说《万叶集》^①中吟咏的"八重葎"指的就是葎草花。雌雄异株，雌株会结出圆圆的紫色果实，向下垂。近缘种啤酒花常被用于酿制啤酒。

注：①《万叶集》是日本最早的诗歌总集，相当中国于《诗经》。

美洲商陆
Phytolacca Americana

植物科别：商陆科

产地：原产于北美

别名：商陆、十蕊商陆、
　　　垂序商陆

花期：9～10月

🌸 野生、活力

美洲商陆可长至 2 米高。全草有毒。茎为红色，根和牛蒡很相像。花穗向下俯垂，开出白色的小花。圆圆的果实直径在 8 毫米左右，颜色和葡萄一样。打碎之后，会溅出紫红色的汁，可用来制作染料，孩子们也会用它制作彩色水玩耍。英文名为"Inkberry"。

异叶蛇葡萄

Ampelopsis heterophylla

植物科别：葡萄科

产地：中国、日本、尼泊尔等地

花期：7~8月

 慈悲、慈爱

异叶蛇葡萄是一种落叶低木藤本植物，常生于灌木丛、空地或路边。七八月时，会开出许多直径在4毫米左右的小花，外形和乌蔹莓的花很相似。花期结束后，会结出绿色的果实。之后，随着果实逐渐成熟，颜色也会依次变为蓝紫色、紫红色。然而，异叶蛇葡萄虽然像宝石一样明艳动人，却不能食用。

彼岸花

Lycoris radiata

植物科别：石蒜科

产地：原产于中国

别名：曼珠沙华、曼陀罗华

花期：9月中旬

热情、只想你一人

成片簇生于田间小径、河堤、墓地等地方，秋分前后三天，约30厘米高的花茎会突然开始生长，并且在顶端开出雄蕊和雌蕊都很长的鲜红色花朵。全草有毒。球根可食用，也可药用。

相思华

"花想念叶，叶想念花。"彼岸花在开花时，叶不会出现。等叶出现时，花已凋落。因此，韩国将彼岸花叫作"相思华"。

野凤仙花

Impatiens textori

植物科别：凤仙花科

产地：中国、日本、朝鲜等地

别名：假凤仙花、假指甲花

花期：8～9月

请不要碰我、富有诗意的爱

常生于水边或湿地，植株高40～80厘米。花的直径约为3厘米，呈紫红色。形状就似一艘悬挂起来的帆船。学名中的"Impatiens"在拉丁语中是"忍耐"的意思。和同属的凤仙花一样，轻轻一碰，种子就会蹦出来。

蟾蜍百合

Tricyrtis hirta

植物科别：百合科
产地：日本
别名：毛油点草
花期：8～11月

永远属于你

生长于野山上，喜半日阴的环境，植株高 40～100 厘米。叶的旁边长出直径为 2～3 厘米的花，向上开放。花瓣上有紫色的斑点，就像杜鹃鸟胸前的花纹一样，所以日语名叫"杜鹃"。开花时的形态，犹如一群小鸟在展翅飞翔，这种充满野性的姿态深受人们的喜爱，所以也有很多人将它们种植在庭院里。

绵枣儿

Scilla scilloides

植物科别：百合科

产地：中国、日本、俄罗斯等地

别名：地枣、黏枣

花期：7～11月

最强的伙伴

常生于路边、野山或草原，植株高10～20厘米。茎突然生长，花穗上会开出许多淡紫色的花。在日本，绵枣儿也被叫作"参内伞"，是指朝臣进宫谒见时，让随从拿着的长柄伞。和彼岸花一样，绵枣儿的球根放在水中充分炖煮后便可食用。

地榆
Sanguisorba officinalis

植物科别：蔷薇科
产地：亚洲北温带等地
别名：猪人参、血箭草
花期：7～10月

对明天的期待、爱慕、变化

地榆是秋天的代表性山野草，植株高 30 ～ 100 厘米。茎顶端生出 2 厘米左右的椭圆形花穗，花朵从上往下依次开放，带点红色的茶色部分是花萼。

在日本，有这样一个传说，人们在讨论地榆花颜色时，花自己发声说："我也是红色的。"所以在日语中地榆又叫作"吾亦红"。

长鬃蓼

Persicaria longiseta

植物科别：蓼科

产地：中国、日本、朝鲜等地

花期：8~11月

🌸 想要帮到你

常生于原野和路边，植株高20~50厘米。花穗长1~5厘米，密生着许多红色的小花。看着像花瓣一样的部分，实则为花萼。和可食用的红辣蓼不同，长鬃蓼其实没有什么用途。在日本，孩子们玩过家家游戏的时候，经常会用到长鬃蓼。

金线草
Antenoron filiforme

植物科别：蓼科
产地：中国、日本等地
花期：8~10月

🌸 喜事、祭典

常生于略微背阴的树林边缘和路边，植株高40~80厘米。细长的花穗上稀稀拉拉地生出一些小花。看似花瓣的部分，实则为花萼。从上往下看是红色，从下往上看则是白色，就像办喜事时使用的红白花纸绳一样。

因姿态喜庆，人们经常把它摆设在茶室里。

刺蓼

Persicaria senticosa

植物科别：蓼科

产地：中国、日本、朝鲜等地

别名：猫舌草

花期：5～10月

❀ 永恒不变的爱、纯情

常生于树林边缘、路边等的背阴处，植株高1米左右，茎呈藤蔓状。茎和叶上有锋利的倒刺。枝顶生出的小花直径约为5毫米，呈淡粉色。

戟叶蓼
刺蓼的近缘种。刺没有刺蓼锋利。

薏苡

Coix lacryma-jobi

植物科别：禾本科
产地：中国、日本等地
别名：药玉米、水玉米、苡米
花期：6～12月

🌼 恩惠、祈祷、愿望成真

生于田间小径、河岸等水边，植株高80～150厘米。坚硬又富有光泽的壶形部位是包裹着果实的"苞鞘"。可用绳子将其串起来，制成念珠。英文名为"Job's tears"，将苞鞘比作《圣经·旧约》中"约伯记"的主人公流下的眼泪。薏米是栽培品种。

狼尾草

Pennisetum alopecuroides

植物科别：禾本科

产地：中国、日本、缅甸等地

花期：9~11月

信念、坚强、尊敬

常生于日照条件好的草地或路边，植株高 50 ~ 70 厘米。如果说狗尾草像狗尾巴的话，那狼尾草就像狼尾巴，生有很多小穗，长约 3 厘米，上面长着刚毛。

牛筋草

常生于空地和路边。叶向上生长，花穗向四面八方散开。牛筋草虽然没有升马唐高，但茎比它粗壮牢固。

知风草

经常可以在草地和路边看到它的身影。中文名源自它的日语名"风草"。又大又长的穗上生着许多细小的小穗。

芒

Miscanthus sinensis

植物科别：禾本科
产地：中国、日本、朝鲜等地
别名：芭茅
花期：7～12月

心意相通

秋之七草之一，喜日照条件好的草地，植株高 50～70 厘米。花朵上会生出白色的锦毛，乘着风散播种子。
芒是人们非常熟识的植物，古时候常被用来铺设屋顶。八月十五赏月时，会将芒、团子、收获的谷物排放在一起。

秋野之上　花开正浓
屈起手指　一一数来
共有七种
胡枝子　芒　葛花
瞿麦
女郎花
还有山佩兰和朝颜

取自《万叶集》山上忆良的两首

COLUMN

3

享受有草相伴的生活

治愈时光

野花、野草在大自然中肆意生长，它们身上蕴藏着满满的大地精华。
所以，请一定要通过五感来领略这份力量。也许可以让你的身心得到
治愈，变得像草一样，开始肆意地生活。

鱼腥草化妆水

材料

· 鱼腥草……适量
· 食用酒精……适量
　35度以上的白酒、日本酒等
· 纱布……适量

✐ 使用自制的化妆水时，请先在手臂内侧或皮肤柔软的地方涂抹，观察一晚上（皮肤斑贴试验）。如果出现发红、瘙痒等症状，请暂停使用，或稀释后再用。

制作方法（原液）

1. 采摘开得正盛的鱼腥草，用冷水清洗干净，然后悬挂起来晾一晚上。

2. 选取干净的叶子，塞满已煮沸消毒过的密封瓶。然后将酒倒入瓶中，直到没过叶子。

3. 盖上瓶盖，在阴凉的地方静置 2 周 ~ 2 个月。每天摇晃密封瓶数次。

4. 变成琥珀色的液体用纱布过滤，原液就制成了。将原液转移至新的密封瓶中，放入冰箱储存。

5. 将原液分成小份，根据自己的喜好，加入去离子水、甘油、蜂蜜等。每次制作 1 ~ 10 天的份量，就可以一直使用新鲜的化妆水了。

开花期的鱼腥草药效成分最强。根据每个季节的肌肤状态，调配不同的化妆水也会充满乐趣。肌肤脆弱的人可以用去离子水加以稀释。

甘油具有保湿效果。蜂蜜具有美肤效果。芦荟、柚子籽等也不错。

繁缕盐刷牙粉

材料

· 繁缕汁液······2大匙

· 繁缕······100g

· 水······50ml

· 盐······2大匙

· 纱布······适量

· 薄荷粉······1大匙

制作方法

1. 采摘繁缕，清洗干净。然后加水放入搅拌机搅拌。

2. 在平底锅中倒入盐，再一点一点加入用纱布过滤过的繁缕汁液。开火，搅拌翻炒，注意不要炒焦。

3. 等到出现干爽的绿色粉末后，就成功了。

🍃 将干燥的薄荷粉加入做好的繁缕粉末，混合均匀后，就能感觉无比清凉。

牙龈出血或肿胀疼痛时，可用牙
刷蘸取少许后刷牙。
和抹茶盐一样，搭配天妇罗吃也
很美味。
也可以这么制作：将采摘的繁缕
晒干，再用搅拌机等将其制成粉
末状，最后和盐一起翻炒。

野草入浴剂

材料

· 野草……适量
　艾草
　鱼腥草
　加拿大一枝黄花
　欧活血丹
　中日老鹳草
　问荆

制作方法

制作野草入浴剂（药浴），有3个最基本的方法。
①使用原生态的野草，不做任何加工
②干燥后切碎
③干燥后熬煮
也可以在浴缸内滴入几滴酊剂（参照 P161）。

干燥后切碎

1. 采摘野草，将其晒干。

2. 用剪刀将干燥的叶子剪成1 ~ 2 厘米的小段，装入茶包或布，让它浮在浴缸的热水中。

干燥后熬煮

1. 采摘野草，将其晒干。

2. 在锅中加入水，煮沸。将晒干的野草放入其中，熬煮5 ~ 10 分钟。将叶子捞出来。（也可以使用新鲜的叶子）

3. 将汤汁倒入浴缸即可。

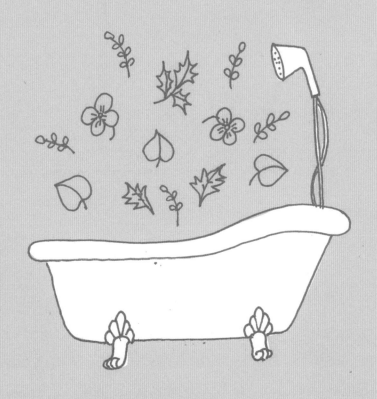

也可以添加天然盐、生姜、柿子叶或
其他野草。制作自己喜欢且适合自己
皮肤的入浴剂，也是一种乐趣。

野花足浴

材料

野草入浴剂
· 野花……根据个人喜好，适量选取
· 天然盐……1～2小匙

大一点儿的盆或桶
用于补充添加的热水

制作方法

1. 等野草入浴剂冷却至 40～43℃
   时，撒入野花。

2. 在盆或桶中加入 1 和盐，然后将
   脚放进去。水深至脚踝上方 3 根
   手指处为佳。

3. 感觉温度下降了，就添加热的药
   汤。反复几次，泡20～30分钟。

✐ 事先将生姜汁和芝麻油（各1/2小
匙）混合，调制成油。等泡完脚，擦
干水后，用该油揉搓脚，可以提高保
湿、排毒效果。

泡脚有助于提高血液循环，让身
体由内而外变暖和。可以穿着衣
服在室内进行，所以可以一边看
书或喝茶，一边泡脚放松。水
面上漂浮着小花和叶子，也令
人赏心悦目。
也可以进行手浴。

野花花束

材料

·野花、野草……根据个人喜好，
适量选取

·厨房纸
·保鲜膜或铝箔
·工艺纸
·橡皮筋
·绳子或丝带

准备

1. 将捆绑之处下面的叶子和刺都
   去掉。

2. 将茎浸泡在水中，再用剪刀将
   末端剪去 2 ~ 3 厘米。

3. 在较深的水中浸泡一段时间
   后，拿出来。

制作方法

1. 将出水的野花捆绑起来，决定
   哪边是正面。

2. 用蘸湿的厨房纸包住切口，再
   在外面包上保鲜膜或铝箔。之
   后再用橡皮筋固定住。

3. 将花束斜放在剪成长方形的纸
   上（长必须是宽的 1.5 倍以上）。

4. 双手分别拿住对角线的两端，
   使其在花束的正中央重叠汇
   合。收紧下方包裹茎部的纸，
   并用橡皮筋固定住。

5. 将绳或丝带在固定的部位打结
   即可。

如果想要花束蓬松一点，可以在捆绑
的时候制作一些褶皱，让包装纸上方
的开口大一些。

白车轴草花饰

材料

· 白车轴草……适量
· 绳子……适量

制作方法1 编织

1. 采摘白车轴草时，尽量多保留一些茎。
2. 取 3 支左右，并成一束。然后互相缠绕。
3. 等编至一定的长度后，用绳子缠上即可。

制作方法2 连环式

1. 将茎剪成相同的长度。
2. 用指甲在一枝花的茎上划出一个裂口，将另一枝花插入其中。不断反复该过程。最后一枝花的裂口要开大一点，套住第一枝花，就完成了。

将黄色的蒲公英混杂其中，颜色会变
得更加俏皮、可爱。

Part

2

Words on the grass

有关草的

表述

习语和成语

草

① 植物的一种，地上部分柔软，无木质部。和树相比，更小，寿命更短，属草本植物。

② 杂草，没有用处、没有价值的草。

③ 饲草，可作牛马饲料的草。

④ 稻草、茅草，可铺设屋顶。

⑤ 接在名词前面，表示"非正式的""业余"的意思。

荒草

茂盛的杂草。荒芜杂乱的草。

小草

矮小的草，也是草的美称。

草占卜

使用草的占卜。通过把路边的草连接起来，或观察草随风飘扬的样子，来占卜吉凶。

草茅姬

花草的始祖，掌管草的女神。

草月

日语中农历八月的别称，意思是花草最为茂盛的月份。

草枕

①旅行，在旅途中投宿；②草枕头，原本是将草捆绑起来作临时枕头之意。

草物

用于插花的草本植物或者花草的总称。

恋草

指生长旺盛的草，比喻燃起的热恋之情。

草露

草上结起的露水，比喻短暂无常的事物。

无名草

连名字都没有的、毫无价值的草。

夕阴草

①在夕阳的余晖中出现的草；②夕阳映照下的草。

灵草

①拥有珍贵、不可思议的力量的草；②吉利的草，瑞草。

习语和成语

结草

①将草打结，祈求旅途的安全、幸运等；②将草打结做枕头，比喻在旅途中露宿或投宿；③将草打结做成路标。

草俯首而知百

优秀之人虽然谨小慎微，不爱显摆，却知道很多事情。

草根式搜索

用尽一切手段，搜索各个角落。

连草也不动

形容一点风都没有，非常热。也形容国泰民安，天下太平。

打草惊蛇

原指惩罚了别人，也警戒了自己。后喻指做事不密，致使人有所戒备。

疾风知劲草

只有在刮大风时，才能分辨出强健的草。比喻只有当一个人身处困境时，才能看明白那个人的价值和强大。

Words on the grass

季节谚语

春

茎立

菜叶类植物的花茎伸长，生出芽薹。

草青

春天到了，在原野或路边发芽的草变得越来越青翠繁茂。

草霞

草原因雾霭而朦朦胧胧。

草芽

春天的时候，草萌发出的新芽。

草若叶

初春时萌芽的草，在晚春时生长得朝气蓬勃的样子。

摘草

初春时去野外采摘可食用的野草和野花。

春之草

刚发芽的草。无论是有名的草，还是杂草，都散发出绿油油的清香，也叫作"春草""芳草"。

春野

雪水消融，草木萌芽后，染上一层绿意的原野。

若草

刚发芽的、娇嫩柔软的春草，也叫作"新草"。

若菜

春之七草的总称，也指春天刚发芽的、可食用的草。

夏

草热

夏天阳光最毒时，被阳光灼烧
的草丛散发出令人喘不过气的
热气。

割草

在夏天割草，将收割的草晒干，
用作家畜的饲料或制造堆肥。

草箭

将白茅、芒草或芦苇的叶子剪成
箭的形状，夹在指间，然后丢向
空中的游戏。

草笛

将草的茎或叶放在嘴边，像吹笛
子一样吹奏。

夏草

夏天在野山或路边枝繁叶茂的
草，绿油油的，充满了生命力。

夏野

夏草繁茂、一片碧绿的原野，也
叫作"青野"。

万绿

可以感受到夏天充盈的生命力，
放眼望去，一片碧绿。

水草花

除了野慈姑、日本荷根之外，无
名的水草也会在夏天开花。

采药草

在日本，农历五月初五是药之日。
以前，人们会在这一天去山野中采
摘药草，也叫作"摘药草"。

季节谚语

秋

秋草

秋天开花的草的总称。无论是秋之七草，还是杂草，都十分优雅纤细，也叫作"色草""千草"。

草蜉蝣

拥有透明翅膀的绿色小虫，可在黄昏时分的草原等地看到它的身影。

秋野

秋草旺盛，虫鸣飞扬的原野。

草之花

各种野草的花。在季节语中，草花一般指秋天。多为娇小可爱之花。

草红叶

染上红色的秋草，路边或原野中略微变红的杂草也十分可爱。

冬

末枯

草的枝端或叶尖因寒冷而枯萎。

枯野

草完全枯萎的原野。

时雨之色

秋冬交接时，草木的叶子在忽下忽停的雨中染上了颜色。

冬野

冬天的原野，枯萎程度没有枯野厉害。

冬之草

冬天仍旧绿油油的草，也叫作"冬草"。

名人名言

外表再平凡不过的草，到了春天也会变成花。

人亦如此，恋爱之后，就能释放自己的美。

野上弥生子（日本作家）

无论是潺潺流淌的小溪，还是沙沙作响的草叶，

只要侧耳倾听，就能捕捉到美妙的旋律。

拜伦（英国诗人）

五月清晨的新绿与和风，
让我过上了贵族的生活。

萩原朔太郎（日本诗人）

无论是毫无价值的杂草，还是一无是处的花朵，
都有可能成为日记里珍贵的一页。

歌德（德国诗人、作家）

名人名言

杂草发芽，只因自然。

种田山头火（日本诗人）

疲惫的人啊，

只管在路边的草丛里坐下，看行人来来往往。

人绝对不会走太远。

屠格涅夫（俄罗斯作家）

名人名言

在你开始关注某个事物的瞬间，

这个世界，哪怕只是一片叶子，

也会变得神秘、庄严，变得无比崇高。

米勒（美国作家）

现在看似平淡无奇的草，

时机一到，也会绽放美丽的花朵。

日本谚语

观草之心即观己之心。

识木之心即识己之心。

北原白秋（日本诗人）

如果生于原野的草也会说话，

那么它们应该也会哭泣，也会唱歌吧。

与谢野铁干（日本诗人）

Words on the flowers

有关花的

表述

习语和成语

花

① 负责高等植物繁殖的器官。在某个时期开放，大多拥有美丽的颜色和怡人的芳香，由叶的变形花叶以及茎的变形花轴组成。
② 像花一样的事物。
③ 美丽、处于全盛状态的事物。
④ 精髓、名誉、名声。

花烛

华丽的灯火；颜色美丽的蜡烛；也指婚礼，"花烛典礼"。

花信

花开的消息，花讯。

花神

掌管花的神，也叫花仙子。

花心

欢乐兴奋的心情；也指有些人生性风流，见异思迁。

花历

花日历。按照月份排列代表季节的各种花，让人感受到季节以及自己与自然之间的联系。

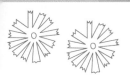

六瓣花

雪的别称，像有六片花瓣的花一样的结晶体。

雪月花

雪、月亮和花，代表日本四季美丽的自然风光。

桃花水

桃花盛开时，因冰雪融化而暴增的河水。

花逍遥

一边赏花一边散步。赏花的同时，顺便信步漫游。

花采列岛

日本列岛由大大小小3000多座岛屿相连而成，形状如同用花编织的花网，所以叫作"花采列岛"，也叫"花网列岛"。

花鸟风月

美丽的自然风光以及欣赏自然风光的情趣。花和鸟是经常受到人们赞美的自然的代表，风和月是自然风光的代表。

百花缭乱

①百花齐放；②涌现许多优秀的作品或人才，仿佛要相互竞争似的。

落花流水

①凋落的花顺着水流飘荡的样子；②即将过去的春天的景色；③也指男女相互爱慕。

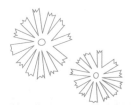

习语和成语

蓟花也有盛开时

即便是刺多且外观不怎么起眼的蓟，也会迎来美丽的开花期。

似蝶又似花

将孩子比作蝴蝶和花，比喻疼爱孩子，像珍宝一样地养育孩子。

盗花之人亦风流

看到美丽的花朵之后，情不自禁地将其折下，这也是一种风流，用不着责备。

欲折花而梢过高

比喻事不遂人心。

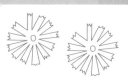

落花归根，飞鸟回巢

盛开的花儿终归要散落在树根处，翱翔的鸟儿终归要返回巢穴。比喻万事万物终将回归根本。

华而有实

外貌和内在都很充盈完美，也指通人情世故。

羞花

比喻连花都会羞愧不如的美女。

生于野外，方为紫云英

正因为开在原野上，紫云英才会如此美丽。不要摘下来据为己有，应欣赏它自然的身姿。

Words on the flowers

季节谚语

春

花客
赏花之人，赏花之客。

樱贝
形状和颜色都和樱花花瓣很相似的美丽的双壳贝，多生于濑户内海，也叫"花贝"。

花时
花开放的时期。花开得最盛的时候。一般指樱花。

花冷
樱花盛开时，暂时性的降温。

花菜雨
油菜花开放时连绵不断的雨。

夏

花田
高山上开着很多花的草原；高山植物竞相开放的一带。

忘情草
萱草的别称，能让人忘了爱情的悲伤和痛苦。

水中花
人造花的一种，吸水后，会像真花一样开放。也可使用鲜花或干花来制作。

花冰
内部封着各色花草的冰柱等物。可装饰在室内，带来凉意。

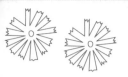

秋

秋七草
具有代表性的秋天开花的野草，也叫"秋之七草"，分别为胡枝子、葛花、瞿麦、芒、女郎花、山佩兰、朝颜。

秋草
在秋天的原野上开花的草的花，也叫"百草之花"。

花野
秋天野花盛开的原野。

花之弟
菊花的别名，因为比其他花开得晚，所以得此名。

花红叶
像花一样美丽的红叶，也指秋天美丽的自然风光。

冬

归花
开错季节的花；一年内再度开花的花；也叫作"忘花""忘开"。

风花
晴天里纷飞的小雪，如同在风中起舞一般，纷纷飘落。

枯尾花
尾花指的是芒。枯尾花指枯萎了的芒的穗子。

雪中花
水仙的别名。积雪未融，春寒料峭时，散发甘甜的香味，为人们报春。

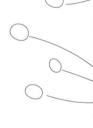

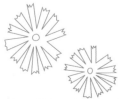

名人名言

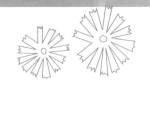

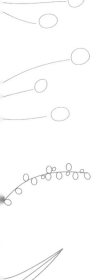

和你一起漫步闲游时，

我总觉得衣服纽扣上别着花。

萨克雷（英国作家）

请告诉将要别离的男人一个花名。

花儿每年一定绽开。

川端康成（日本作家）

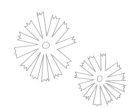

名人名言

秘则为花，无秘则无花。

世阿弥（日本猿乐演员）

有自由，有书，有花，有月。

有了这些，还会有人不幸福吗？

王尔德（英国剧作家）

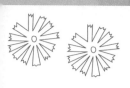

天上有星星，地上有花儿。

而人类，必须有爱。

歌德（德国诗人、作家）

爱就像花一样，即便无法用手触摸，

也可以散发幽香，让庭院更美。

海伦·凯勒（美国社会活动家）

名人名言

花凋落了，果实成熟了。

果实掉落了，叶也凋谢了。

然后又会发芽开花。

金子美玲（日本诗人）

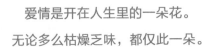

爱情是开在人生里的一朵花。

无论多么枯燥乏味，都仅此一朵。

坂口安吾（日本作家）

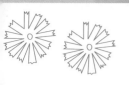

你知道这些可爱的小花们在说什么悄悄话吗？

白天谈真理，夜晚说爱……这就是它们的窃窃私语。

海涅（德国诗人、作家）

花发多风雨，

人生足别离。

于武陵（中国·唐代诗人）

Part

3

Medicinal herb garden

药草之庭

牛至
Origanum vulgare

植物科别：唇形科
产地：亚洲、欧洲及北非等地

英文名为"Oregano"，常用于菜肴，具有解毒和促进消化的效果。

✿ 自然的恩惠

日本薄荷
Mentha haplocalycis

植物科别：唇形科
产地：中国、日本、美国等地

常生于湿地、河边等地，含薄荷醇，可用来制作刷牙粉和化妆品。

✿ 从迷茫中清醒

锯草

Achillea millefolium

植物科别：菊科

产地：中国、日本等地

英文名为"Yarrow"，常生于空地、路边，具有解热、调理肠胃和美容的作用。自古以来，锯草一直是非常著名的药草。据说希腊神话中的英雄阿基利斯曾用它来疗伤。

❀ 战争、勇敢、安慰

缬草

Valeriane officinalis

植物科别：败酱科

产地：亚洲、欧洲等地

英文名为"Valerian"，常用来泡制花草茶等。它的镇静、催眠效果十分出色。气味浓烈，素有"魔女药草"之称。

❀ 真实的爱

马鞭草
Verbena officinalis

植物科别：马鞭草科
产地：全世界温带及热带地区

英文名为"Vervain"，常生于荒地、路边，东西方都将其视作神圣的药草，除了镇静、解毒的作用外，还有助于缓解妊娠期的精神压力。

心被夺走了

日本獐牙菜
Swertia japonica

植物科别：龙胆科
产地：中国、日本、朝鲜等地

日本獐牙菜生于山野之间，和鱼腥草、中日老鹳草并称"日本三大民间药"，中药名为"当药"，全草都可用来制作药材，但非常苦，对肠胃很有效。

帮助弱者

细齿南星

Arisaema serratum

植物科别：天南星科

产地：中国、日本等地

常生于山野间较湿润的地方，全草有毒，含有皂苷等成分。干燥的根茎可作中药中的天南星。

 雄壮之美

小连翘

Hypericum erectum

植物科别：藤黄科

产地：中国、日本等地

从原则上来说，小连翘可算作药草，但有毒性。古时候有这样一个传说：将小连翘当作秘药的哥哥砍死了泄露了秘密的弟弟。故在日语中的名字叫"弟切草"。贯叶连翘也是一种药草。

秘密、憎恨

刻叶紫堇

Corydalis incisa

植物科别：罂粟科
产地：中国、日本等地

常生于树荫等地，含有原阿片碱，全草有毒。误食后，人体会出现呕吐、心脏麻痹等症状。近缘种异果黄堇开黄色的花朵。

成为你的助力、喜悦

白屈菜
Chelidonium majus

植物科别：罂粟科
产地：中国、日本等地

常生于原野和树林边，含生物碱，全草有毒。叶和茎划破后，会流出黄色的液体，对治疗皮肤病很有效。

回忆、请找到我

尖被藜芦

Veratrum oxysepalum

植物科别：百合科

产地：中国、日本、朝鲜等地

外形和叶玉簪十分相似，所以很容
易误食。全草有剧毒，误食后，会出
现呕吐、手脚麻痹、头晕等症状，
十分危险。

靠近的心

泽漆

Euphorbia helioscopia

植物科别：大戟科

产地：中国、日本等地

常生于荒地、田野等地，全草有毒。
茎和叶划破后，会流出白色的液体，
皮肤沾到后，会起斑疹。同属的括
金板和钩腺大戟也有毒。

朴素、低调

毛茛
Ranunculus japonicus

植物科别：毛茛科
产地：中国、日本、朝鲜等地

毛茛生于山野之间，别名又叫"鸭脚板"。花瓣呈黄色，富有光泽。花虽可爱，但全草有毒，皮肤接触到茎和叶的汁液之后，会起斑疹。误食后，会引发呕吐，产生幻觉。

荣光、孩子气、中伤

圆锥铁线莲
Clematis terniflora

植物科别：毛茛科
产地：中国、日本、缅甸等地

圆锥铁线莲生于山野间或路边，十字形的白色花朵十分漂亮。茎和叶的汁液有毒。根可作中药，民间常用叶子治疗扁桃体发炎。园艺品种铁线莲是它的近缘种。

充满善意

毛茛属

Ranunculus

植物科别：毛茛科

产地：亚洲及欧洲的温寒地带

毛茛属常生于河边等湿润的场所，
开富有光泽的黄色小花。全草有毒，
皮肤接触到茎和叶的汁液之后，会
起斑疹。

 突袭、孤身一人

朝鲜白头翁

Pulsatilla cernua

植物科别：毛茛科

产地：中国、日本、俄罗斯等地

花朵向下俯垂，呈红褐色。全草含
有白头翁素这种有毒成分，皮肤
接触到茎和叶的汁液之后，会起
斑疹。野生的朝鲜白头翁已经濒
临灭绝，甚至被称作"幻想出来的
野草"。

背叛的爱、什么都不要求

乌头
Aconitum

植物科别：毛莨科

产地：中国、日本、越南等地

乌头和毒空木、毒芹并称日本三大有毒植物，一般生于山野之间。全草含生物碱，非常危险。希腊神话中，乌头是地狱的看门犬——塞伯拉斯的唾液化成的。

骑士精神、荣光、复仇

北侧金盏花
Adonis ramosa

植物科别：毛莨科

产地：中国、日本、蒙古等地

报春的黄色花朵十分讨人喜欢，有很多园艺品种。含多种强心苷，毒性很强，但一些民间偏方仍会使用，曾经发生过将它的嫩芽当成山蔬而误食的案例。

永远的幸福、祝福、回忆

毒芹

Cicuta virosa

植物科别：伞形科

产地：中国、日本、蒙古等地

日本三大有毒植物之一，含毒芹素，十分危险。喜水边。嫩叶和花同山菜水芹十分相似，它们可能会在同一时间生长在同一个地方，所以需要严加注意。

✿ 你会带我走向死亡

毒参

Conium maculatum

植物科别：伞形科

产地：原产于欧洲

毒性很强。古希腊处死苏格拉底时，使用的就是毒参。

✿ 死而无憾

水仙
Narcissus tazetta

植物科别：石蒜科
产地：原产于中国

含石蒜碱、草酸钙。全草有毒，球根的有毒成分尤其剧烈，会引发皮肤炎、呼吸不良等症状。曾发生过将它的叶子当成韭菜而误食的案例。

自负（黄）、神秘（白）

葱莲
Zephyranthes candida

植物科别：石蒜科
产地：原产于南美

主要用于园艺，但也有一部分变成了野草。白色的花朵十分可爱。含有石蒜碱，全草有毒。曾发生过将它当成韭菜、野蒜而误食的案例。

纯洁的爱

秋水仙

Colchicum autumnale

植物科别：百合科

产地：原产于欧洲

观赏用植物。含秋水仙碱，全草有毒，却是治疗痛风的特效药。叶子和荞葱、玉簪十分相似，所以需要注意。

🌸 最好的日子过去了

铃兰

Convallaria majalis

植物科别：天门冬科

产地：北半球温带地区

全草有毒，且毒性剧烈，即便只是喝了栽培它的水，也会中毒。曾经发生过将它的新叶当成荞葱而误食的案例。

🌸 幸福归来

日本莨菪
Scopolia japonica

植物科别：茄科

产地：温带及热带地区

含生物碱，全草有毒，据说会让人
产生幻觉，精神错乱，到处奔跑。
汁液进入眼睛后，会使瞳孔放大。
新芽容易和山蒢等山菜混淆。根可
作中药莨菪。

❀ 我爱你，爱到恨不得杀了你

白英
Solanum lyratum

植物科别：茄科

产地：中国、日本、朝鲜等地

藤本植物。秋天结出红色的果实，
十分美丽。含龙葵素等成分，全草
有毒。在民间疗法中，经常将它用
作解热、止痛药。

❀ 真相、擦肩而过、期待

木本曼陀罗

Datura arborea

植物科别：茄科

产地：原产于南美

花朝下开放，散发甘甜的幽香，是
一种非常受欢迎的观赏性植物。有
毒成分和日本莨菪一样。曾发生
过将它的根当作牛蒡而误食的案
例。别名"天使的号角（Angel's
Trumpet）"。

请在远方思念我

洋地黄

Digitalis

植物科别：玄参科

产地：原产于欧洲

形状独特的花经常被比喻成"妖
精的手指""狐狸的手套"等。含
洋地黄毒苷，全草有毒。自古就是
很有名的药草，对心脏病有很强
的药效，但是现在有一部分已经
变成了野草。

毫无掩饰的爱恋、心中所想

后　记

　　本书中出现的花草大多是杂草。听到杂草，你可能首先会想到没有价值的草，或是多如牛毛的草。但是，看了书中的图片后，你不觉得杂草的世界也充满着意想不到的宝藏吗？这些杂草的花都是直径不到1厘米的小花，你站在远处随意一瞥，根本不会注意到它们。但是，将镜头拉近之后，就会发现它们竟也美得如此动人。

　　什么是杂草呢？杂草就是生长在路边、空地、田野等不被人类注意的植物。在写这本书的时候，我去请教了森田龙义先生（日本新潟大学植物学名誉教授）有关花草的一些事情。他说现在城市里能看到的杂草大多都是日本明治时代以后从外国入侵日本的外来品种（归化植物），后来逐渐变成了野生植物。

　　本书中写着原产于欧洲的那些花草就属于这一类，只是侵入的途径形形色色，各有不同。有的是种子混在了进口的谷物中，有的是粘在人身上或行李上来的，有的则是观赏性植物或牧草溜出去之后蔓延开来的。当然，也有像繁缕那样日本原本就有的杂草。但是，很多人认为它们是伴随着农耕技术一起从外部传入日本的。

　　除了上面说的这些，杂草还给人留下一种不惧逆境、坚强勇敢的印象。

　　想必是因为它们会从铺路石之间狭窄的缝隙中探出头来，而且怎么拔也拔不尽的缘故吧。但是它们的这份坚强，有一个前提条件，就是人类的持续破坏。

　　杂草喜欢强烈的阳光，讨厌被覆盖。所以，虽然人类的活动会导致植物难以繁殖，但也只有在这样的地方，杂草才能更旺盛地生长。它们会利用风播撒大量的种子，而种子在地下埋藏了几十年，沐浴到光之后，就会发芽。杂草掌握了在人类活动的夹缝中生存的各种技能，真的是令人不可思议的植物。

　　本书也记载了很多生长在草地、杂树林等农村的后山、荒地上的草，比如芒、堇菜、日本蒲公英、猪牙花等。这些地方也会有人类活动，比如割草、采伐。但和农田、城市的荒地相比，这些地方更接近自然。所以，应该将生长在这些地方的植物和杂草加以区分。

　　自古以来，农村后山、荒地上的草就深受人们的喜爱。孩子们会拿它们玩耍，童谣、歌和俳句会歌咏它们，人们也会把它们当作食材或药草。

　　每种草都有名字，知道它们的名字后，你就会对自然有一个清晰的

认识了。"这里长着草啊""繁缕和荠菜开花了呢"……你对自然的感受方式会和以往大不相同。

要不要出去散散步,同时寻找图片上你喜欢的花花草草呢?当然,也要选择季节和场所。你可以从长在路边的花草开始。

找到之后,在网上和其他图片对比确认一下。确认时,除了花的颜色和形状外,还要注意叶的形状和着生方式。把它拍成照片更利于对比。

这么做之后,你认识的花草会越来越多。名字的来源、是否可以食用、是否有毒等,这些相关事项你也可以关注一下。

我保证,你对这些花花草草了解得越多,越能享受其中的乐趣。

图书在版编目（CIP）数据

花草时光. 一草一天堂 / (日) 森乃乙著；吴梦迪
译. —— 南京：江苏凤凰文艺出版社, 2019.5
ISBN 978-7-5594-3502-6

Ⅰ.①花… Ⅱ.①森… ②吴… Ⅲ.①草本植物 – 基
本知识 Ⅳ.①S68

中国版本图书馆CIP数据核字(2019)第058845号

版权局著作权登记号：图字 10-2019-159

花草时光：一草一天堂

[日]森乃乙 著　　　吴梦迪 译

责任编辑　王昕宁

特约编辑　周晓晗 王　瑶

封面设计　鲁明静 汤　妮

责任印制　刘　巍

出版发行　江苏凤凰文艺出版社

　　　　　南京市中央路165号，邮编：210009

网　　址　http:// www.jswenyi.com

印　　刷　天津联城印刷有限公司

开　　本　880毫米×1230毫米　1/32

印　　张　9

字　　数　144千字

版　　次　2019年5月第1版　2019年5月第1次印刷

书　　号　ISBN 978-7-5594-3502-6

定　　价　58.00元

江苏凤凰文艺版图书凡印刷、装订错误可随时向承印厂调换